高等教育计算机类规划教材

中国劳动关系学院"十四五"规划教材

数据库基础及应用

（Access 2021 版）

孙　杰　编著

上海交通大学出版社

SHANGHAI JIAO TONG UNIVERSITY PRESS

内容提要

本书针对高等院校非计算机专业"数据库基础及应用"课程及相关课程教学的基本要求，以 Access 2021 数据库管理系统为开发工具，主要介绍了数据库基本理论知识和 Access 2021 数据库管理系统的操作使用两大部分内容。全书分为 9 章，分别介绍了数据库基础知识、Access 2021 操作基础、表、查询、结构化查询语言、窗体、报表、宏和 VBA 程序设计基础。

本书在强化基础知识的前提下，注重知识的实践与应用，并配有知识点和例题的讲解视频，可作为高等院校计算机基础课程的教材，也可作为计算机二级考试和各类培训课程的学习用书。

图书在版编目(CIP)数据

数据库基础及应用：Access 2021 版 / 孙杰编著.
上海：上海交通大学出版社，2025.2. -- ISBN 978-7-313-32045-2

Ⅰ. TP311.132.3

中国国家版本馆 CIP 数据核字第 2025NU3085 号

数据库基础及应用(Access 2021 版)
SHUJUKU JICHU JI YINGYONG(Access 2021 BAN)

编　　著：孙　杰			
出版发行：上海交通大学出版社	地　　址：上海市番禺路 951 号
邮政编码：200030	电　　话：021 - 64071208
印　　制：常熟市文化印刷有限公司	经　　销：全国新华书店
开　　本：787 mm×1092 mm　1/16	印　　张：13
字　　数：282 千字	
版　　次：2025 年 2 月第 1 版	印　　次：2025 年 2 月第 1 次印刷
书　　号：ISBN 978 - 7 - 313 - 32045 - 2	电子书号：ISBN 978 - 7 - 89564 - 105 - 1
定　　价：49.00 元	

前 言 | FOREWORD

　　数据已经成为各行各业不可或缺的重要资源。如何高效地管理和利用数据,成为提升竞争力、优化决策过程的关键。Microsoft Access 作为一款功能强大的关系数据库管理系统(RDBMS),凭借其易用性、灵活性和强大的数据处理能力,在众多数据库软件中脱颖而出,成为广大用户进行数据管理的首选工具。

　　为了帮助读者系统地掌握 Access 2021 的使用技巧,深入理解数据库管理的精髓,我在多年教学实践的基础上,精心编写了这本《数据库基础及应用(Access 2021 版)》。全书共分 9 章,引领读者从数据库的基础知识起步,循序渐进地逐步掌握 Access 2021 的应用技能。

　　第 1 章"数据库基础知识"将为您揭开数据库的神秘面纱,介绍数据库的发展历程、基本概念、类型及数据库设计的基本原则。

　　第 2 章"Access 2021 操作基础"将带您熟悉 Access 2021 的操作界面、工具栏、菜单项等基本功能,让您能够轻松上手,快速掌握 Access 2021 的基本操作。

　　第 3~5 章将深入探讨 Access 2021 的核心功能——表、查询和结构化查询语言(SQL)。通过这 3 章的学习,您将能够创建和管理数据库表,利用查询功能提取和分析数据,掌握 SQL 语句的编写技巧,实现对数据库的多种精准操控。

　　第 6 章和第 7 章将带您领略 Access 2021 在用户界面和数据展示方面的强大功能。通过窗体和报表的设计,您可以为用户提供直观、友好的数据输入和输出界面,实现数据的可视化和动态展示。

　　第 8 章和第 9 章则深入探讨了 Access 2021 的自动化和编程功能。通过宏和 VBA 程序设计基础的学习,您将能够编写简单的自动化脚本和程序,实现数据库的自动化管理和复杂数据处理任务,进一步提升工作效率和数据处理能力。

电子资料

为方便读者更好地学习和掌握相关知识和操作，特别制作了课件和例题的 Access 文件等电子资料，读者可扫描左侧二维码下载使用。另外，书中的一些知识点和例题也提供了视频讲解，读者可扫描内容旁边的二维码观看。

本书结构清晰、实例丰富，既适合初学者入门学习，也适合有一定基础的读者进阶提高。我们相信，通过本书的学习，您一定能够熟练掌握 Access 2021 的使用技巧，成为数据库管理领域的佼佼者。由于编者水平和时间有限，书中难免有不足之处，敬请读者不吝赐教！

本书的编写过程是漫长的，在此感谢妻子杨燕女士和孩子们的支持与陪伴。感谢中国劳动关系学院计算机学院领导和老师们的大力支持，感谢上海交通大学出版社的鼎力相助，感谢每一位选择本书的读者，您的支持和信任是我不断前行的动力。

孙 杰

2024 年 10 月

目 录 | CONTENTS

第 1 章

数据库基础知识

本章包括数据库系统的基本概念、数据模型、关系数据库理论和数据库系统设计 4 个部分。需要学习者重点掌握数据库、数据库管理系统、数据库系统的基本概念；掌握现实世界向概念数据模型转换的过程和概念数据模型的概念体系；掌握关系数据库理论体系的内容，并了解规范化理论和关系运算的基本概念；最后以学生选课数据库系统设计为例，展示了数据库设计的流程。

1.1 基本概念

1.1.1 数据管理

数据不仅指狭义上的数字，还可以是符号、文字、语音、图像、视频等。数据是信息的表现形式和载体，是记录事物情况的物理性符号，可以被输入计算机并被计算机程序处理。例如，"0，1，2，…""阴、雨、下降、气温""学生的档案记录""货物的运输情况"等都是数据。信息是数据的内涵，是对数据进行加工处理之后得到的并对决策产生影响的数据。信息是事物有意义的表示。例如，数字 10 本质上属于数据，但在一定的语境下我们可以赋予它一定的意义：10 岁、10 个或 10 斤等。

数据处理是指将数据转换成信息的过程，数据处理的基本目的是从数据中整理出对人们有价值、有意义的信息，从而作为决策的依据。数据管理是指数据的搜集整理、组织加工、存储传播、检索维护等操作，是数据处理的中心环节。数据管理的基本目的是实现数据共享，降低数据冗余，提高数据的独立性、完整性和安全性。因此，数据管理是数据处理的一个中间环节。在数据管理技术的发展过程中，数据管理经历了人工管理阶段、文件系统阶段和数据库系统阶段，数据库系统阶段是数据管理的高级阶段。

1.1.2 数据库系统

数据库系统（database system，DBS）是指采用了数据库技术的计算机应用系统，由计算机硬件、软件［包括操作系统、数据库管理系统（database management system，DBMS）、开发工具、应用程序等］、数据库和人员（包括最终用户、数据库管理员和应用程序开发人员等）4 部分构成。数据库管理系统是数据库系统的核心，如图 1-1 所示。

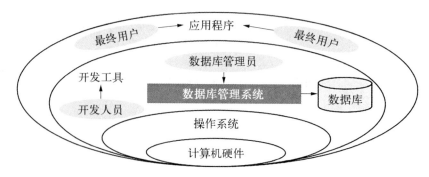

图 1-1　数据库系统示意图

数据库管理系统是一种操作和管理数据库的大型软件，用于建立、使用和维护数据库，且保证数据库的安全性和完整性。常见的数据库管理系统有 Access、SQL Server、Oracle、Sybase 等，大部分数据库管理系统提供如下功能。

（1）数据定义功能：利用数据定义语言（data definition language，DDL）定义数据库的结构、数据之间的联系等。

（2）数据操作功能：利用数据操作语言（data manipulation language，DML）完成数据库的各种操作，包括数据的插入、检索、删除、修改等。

（3）数据控制功能：利用数据控制语言（data control language，DCL）定义数据库的模式结构与权限约束，实现数据库的安全性控制、完整性约束、多种环境下的并发控制等。

（4）数据库的建立和维护功能：提供对数据的装载、转储和恢复，以及对数据库的性能分析和监测。

（5）其他功能：如数据字典，存放数据库各级结构的描述；数据库通信功能，即数据库管理系统可提供与其他软件系统进行通信的功能。

数据库管理系统是实现抽象的逻辑数据处理，并将其转换成为计算机中具体物理数据处理的软件。有了数据库管理系统，用户就可以在抽象意义下处理数据，而不必顾及这些数据在计算机中的布局和物理位置。

根据数据库管理系统在数据库管理功能、完整性检查、安全保障和数据一致性方面的不同，可以将其分为大型数据库管理系统（如 SQL Server、Oracle、DB2 等）和中小型数据库管理系统（如 FoxPro、Access、MySQL 等）。

数据库是结构化数据的集合，是数据库管理系统的内容。严格来说，数据库是长期存储在计算机内的、有组织的、可共享的大量数据的集合。数据库中的数据是以一定的数据模型组织、描述和存储的，其特点如下。

（1）从数据自身来讲，其冗余度低。数据通过一定的逻辑模型进行组织，保证最小的冗余度。数据的逻辑模型主要有层次模型、网状模型和关系模型 3 类，目前主要应用的是关系模型。在数据库中，不仅包含数据本身，也包含数据之间的联系。

（2）从数据应用来讲，其独立性和共享性高。数据库可以独立于应用程序单独存在，对数据的各种操作，如定义、查询等都由数据库管理系统统一进行；共享性高是指各个应用程序可共享数据,多个用户或应用程序共用一个数据库中的数据。

(3) 数据库的可扩展性高。也就是说,如果有了新的需求,我们可以通过添加新的数据库对象进行数据库扩展。

1.2　数据模型

1.2.1　数据模型的抽象过程

数据库是现实世界中某种应用环境(一个单位或部门)所涉及的数据的集合,它不仅要反映数据本身的内容,而且要反映数据之间的联系。从现实世界中的客观事物到数据库中存储的数据是一个逐步抽象的过程,这个过程经历了现实世界、观念世界和机器世界 3 个阶段,对应于数据抽象的不同阶段,采用不同的数据模型。按数据模型的抽象过程,数据模型可以分为 3 种类型:概念数据模型、逻辑数据模型、物理数据模型,如图 1 - 2 所示。

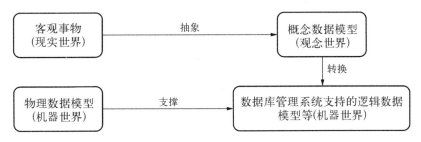

图 1 - 2　数据模型的 3 种类型

在观念世界阶段,概念数据模型(conceptual data model)是一种面向用户、面向客观世界的模型,用来描述世界的概念化结构,与具体的数据库管理系统无关。概念数据模型的表示方法是实体联系模型(entity relationship model),简称 E - R 模型,用 E - R 图表示。概念数据模型必须被转换成逻辑数据模型,才能在数据库管理系统中实现。

在机器世界阶段,逻辑数据模型(logical data model)是一种面向数据库系统的模型,是具体的数据库管理系统所支持的数据模型,也可以说是概念数据模型的一种实现,如关系数据模型(relational data model)、网状数据模型(network data model)、层次数据模型(hierarchical data model)等。此模型既要面向用户,又要面向系统。逻辑数据模型的内容包括所有的实体和联系,确定每个实体的属性,定义每个实体的主键和外键。

在机器世界阶段,物理数据模型(physical data model)是一种面向计算机物理表示的模型,它描述了数据在存储介质上的组织结构。物理数据模型不但与具体的数据库管理系统有关,而且还与操作系统和硬件有关。每一种逻辑数据模型在实现时都有其对应的物理数据模型。数据库管理系统为了保证其独立性与可移植性,大部分物理数据模型的实现工作由系统自动完成,而设计者只涉及索引等特殊结构。

物理数据模型支持逻辑数据模型的实现,考虑各种具体的技术实现因素,进行数据库体系结构的设计,真正实现数据在数据库中的存放。数据模型转换的过程中,概念的对应关系如表 1－1 所示。

表 1－1　3 个应用层次中概念的对应关系

现实世界	观念世界(信息世界)	机器世界(计算机世界)
实例	实体	记录
特征	属性	数据项
对象集	实体集	文件
对象间的联系	实体间的联系	文件集
	概念数据模型	逻辑数据模型

1.2.2　数据模型的三要素

数据模型是数据特征的抽象。数据是描述事物的符号记录,模型是现实世界的抽象。数据模型由数据结构、数据操作和数据约束 3 部分构成,又称为数据模型的组成三要素,与数据库管理系统的基本功能相对应。

(1) 数据结构:计算机存储、组织数据的方式。数据结构是数据模型的基础,数据操作和数据约束都建立在数据结构之上。不同的数据结构具有不同的操作和约束。例如,在关系数据模型中,数据库中的全部数据及其联系都被组织成关系,即二维表格的形式,因此关系数据模型只有一种数据结构——关系。数据结构可以说是数据模型的静态特征。

(2) 数据操作:数据模型提供了一组完备的关系运算,支持对数据库的各种操作,可以用关系代数和关系演算两种方式表示,它们是等价的。如用关系代数来表示关系的操作,有传统的关系运算(交、差、并)和专门的关系运算(选择、投影、连接)。数据操作可以说是数据模型的动态特征。

(3) 数据约束:数据模型中的数据约束主要描述数据结构内数据自身的制约和数据间的依存关系,以及数据动态变化的规则。约束条件按不同的规则被划分为不同的类型:数据值的约束和数据间联系的约束,静态约束和动态约束,实体约束和实体间的参照约束,等等。

1.2.3　概念数据模型

概念数据模型的内容包括重要的实体及实体之间的联系。在概念数据模型中,可以不用详细定义实体的属性,也不用定义实体的主键。这是概念数据模型和逻辑数据模型的主要区别。

1. 基本概念

(1) 实体(entity):客观存在并且可以相互区别的事物。可以是具体的事物,如一个学生、一本书;也可以是抽象的事物,如一次考试。

（2）属性（attribute）：用于描述实体的特性。一个实体是若干个属性值的集合。例如，学生用学号、姓名、性别、年龄等属性描述。再如，考试用考试编号、时间、地点、时长、类别、监考老师等属性来描述。一般来讲，实体的属性根据实际的工作需求来决定。

（3）键（key，又称为码）：唯一标识实体的属性或属性集，又称为实体标识符。例如，学号可以唯一标识一个学生的信息，属性集{学号，课程号}可以唯一标识一个学生选修了某一门课程的信息。

（4）域（domain）：属性的取值范围。例如，学号的域可设为 8 个字符长度，性别的域只能为男或者女。

（5）实体类型（entity type）：用实体名及其属性集合来抽象或刻画同类实体，如学生（学号，姓名，性别，年龄）。

（6）实体集（entity set）：具有相同属性的实体的集合（有时简称为实体），如若干个学生实体的集合构成学生实体集。

（7）联系（relationship）：指实体之间的联系，表现为不同实体集之间的联系。另外，还存在实体内部的联系，即实体内属性之间的联系，亦即属性之间的依赖关系（见"1.3.2 规范化理论"一节）。

2. 实体之间的联系

实体之间的联系有 3 种形式：一对一联系、一对多联系和多对多联系。

（1）一对一联系：假设对于实体集 A 中的每一个实体，实体集 B 中至多有一个实体与之关联，反之亦然，则称实体集 A 与实体集 B 具有一对一联系，记作 1∶1。如图 1-3 所示，校长实体集和学校实体集之间是一对一联系，两个集合均为一方。

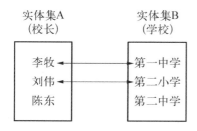

图 1-3　实体之间的一对一联系

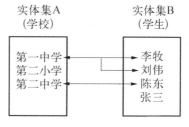

图 1-4　实体之间的一对多联系

（2）一对多联系：假设对于实体集 A 中的每一个实体，实体集 B 中有多个实体与之关联，反之，对于实体集 B 中的每一个实体，实体集 A 中至多有一个实体与之对应，则称实体集 A 与实体集 B 具有一对多联系，记作 $1∶n$。如图 1-4 所示，学校实体集和学生实体集之间是一对多联系，一方是学校实体集，多方是学生实体集。

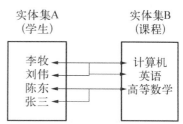

图 1-5　实体之间的多对多联系

（3）多对多联系：假设对于实体集 A 中的每一个实体，实体集 B 中有多个实体与之关联，反之，对于实体集 B 中的每一个实体，实体集 A 中亦有多个实体与之对应，则称实体集 A 与实体集 B 具有多对多联系，记作 $m∶n$。如图 1-5 所示,学生实体集和课程实体集之间是多对多联系,两个集合皆为多方。

3. 概念数据模型的 E-R 图表示

在概念数据模型中,常用的是 E-R 模型、扩充的 E-R 模型、面向对象模型及谓词模型,目前最为常用的是 E-R 模型。E-R 模型用 E-R 图表示,E-R 图提供了表示实体、属性和联系的方法,用来描述现实世界的概念数据模型。用 E-R 图表示概念数据模型的方法又称为 E-R 方法,即实体-联系方法(entity relationship approach)的英文简称,它是描述现实世界概念数据模型的有效方法,如图 1-6 所示。

(1) 矩形:表示实体集,实体名称写在框内,如学生实体和课程实体。

(2) 椭圆:表示实体集或联系的属性,框内标明属性的名称,如学号、姓名、课程号等属性。如果属性名称下画有一条横线,表示此属性为实体标识符。

(3) 菱形:表示实体间的联系,框内注明联系名称,如联系"选修"。

(4) 连线:连接实体与各个属性、实体、联系,并注明联系种类,即 1∶1、1∶n 或 n∶m,如学生实体和课程实体之间的 m∶n 型联系"选修"。

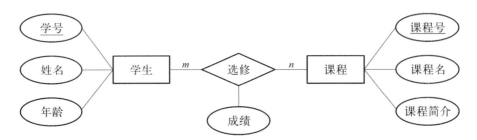

图 1-6 学生选课 E-R 图

在现实世界,不但两个实体之间存在联系,多个实体之间也会存在联系。例如,课程、学生和教师 3 个实体之间存在联系,一门课由多个老师讲授,一个学生可以选修多门课,一个教师可以讲授多门课,如图 1-7 所示。同一实体集内的各个实体之间也可以有某种联系。例如,公司的职工实体集内,有总经理,也有一般职工,二者之间具有领导和被领导的联系,即一个总经理可以领导多个职工,而一个职工只能被一个总经理领导,如图 1-8 所示。

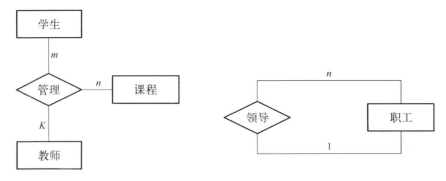

图 1-7 多个实体之间的多对多联系　　图 1-8 多个实体之间的一对多联系

E‐R 图是数据库设计人员根据自己和数据库用户的观点，对要设计的系统的一种规划。因此，就算是同一个系统，由于设计人员观点不同、用户需求不同，E‐R 图也会各异。用 E‐R 图标识的概念数据模型与具体的数据库管理系统所支持的数据模型相互独立，是各种数据模型的基础。

1.3 关系数据库理论

关系数据库是建立在关系数据模型基础上的数据库，它借助于集合代数等概念和方法来处理数据库中的数据，是最常用的数据库类型。主流的关系数据库系统有 Oracle、DB2、SQL Server、Sybase、MySQL 等。

1.3.1 关系数据模型

关系数据模型采用二维表格来表示实体及实体之间的联系，即用表格来表示现实世界中的数据信息。例如，表 1‐2 就是一个学生的基本情况表，我们将这样一张表称为一个关系。

表 1‐2 学生基本情况表

学　号	姓　名	性别	出生日期	住　　　址	入学成绩
200101	张　红	女	1983‐3‐7	北太平洋 999 号	512
200102	赵　强	男	1983‐8‐9	东大桥 45 号	540
200103	林小玉	女	1983‐4‐3	中关村 32 号	490

1. 关系

关系(relation)是由行、列组成的二维表，如表 1‐2 所示。

2. 元组

在二维表中，从第二行起的每一行称为一个元组(tuple)，即关系表的一条具体记录。

3. 属性

在二维表中，每一列称为一个属性(attribute)，即关系表中的数据项，在文件中对应一个字段。二维表第一行显示的每一列的名称(属性名称)，在文件中对应字段名，如"姓名""性别"等。二维表的行和列的交叉位置表示某个属性的属性值，属性值又称为分量。属性的取值范围称为域。

4. 表结构

表结构通过表格来描述，表格中的第一列是字段名称，第一行是字段名称、字段类型、字段大小等字段属性，如表 1‐3 所示(此处以"tblStudent"表结构为例)。

表 1 - 3　"tblStudent"表结构

字段名称	字段类型	字段大小	字段约束	字段说明
Student ID	文本	12	主键	学生学号
Sname	文本	20		学生姓名
Sex	文本	2		学生性别
Nation	文本	20		民族
Birth Date	日期/时间			出生日期
College	文本	5		学院 ID

5. 关键字

关键字是指可以唯一标识一个元组的一个属性或若干属性的组合,又称为码。当一个表中存在多个关键字时,可以指定一个关键字为主关键字(primary key,即主键,又称主码),而其他关键字为候选关键字。包含在主键中的属性称为主属性,主属性不允许为空、不允许重复。

6. 外部关键字

若表中的一个字段不是本表的主键或候选关键字,而是另外一个表的主键或候选关键字,则该字段称为外部关键字,即外键。

例如,在关系"成绩"中,"学号"不是"成绩"的主键,而是关系"学生"的主键,因此,"学号"称为"成绩"关系的外键。

7. 关系模式

关系模式(relation model)是对关系结构的描述,格式为"关系名(属性 A,属性 B,……)"。在给出关系模式时,需指定主键,明确存在的外键。一般地,在数据库设计过程中,可以直接指明关系模式的主键和外键,也可以通过双下划线指明主键、通过下划线指明外键。

8. 主表和从表

在关系数据库中,可以通过外键来实现表与表之间的联系,外键是主表和从表的公共字段。以外键作为主键的表为主表,另一个表为从表。

9. 完整性约束

关系完整性约束是为了最大限度地保证数据的正确性、合法性和一致性,是对关系数据模型提出的某种约束条件或规则。关系完整性通常包括实体完整性、参照完整性和用户自定义完整性(有时又称为域约束)。

1) 实体完整性

实体完整性(entity integrity)是指关系的主键不能重复,也不能取空值。在关系模式中,以主键作为唯一性标识,而主键中的属性(称为主属性)不能取空值。否则,表明关系模式中存在着不可标识的实体(因空值是"不确定"的)。如果主键是多个属性的组合,则所有主属性均不得取空值。例如,在"学生基本情况表"(见表 1 - 2)中,若"学号"作为主键,则该列不得有重复值或空值。

2) 参照完整性

参照完整性(referential integrity)是建立关系表之间联系的主键与外键引用的约束条件。关系与关系之间的联系是通过公共属性来实现的。所谓公共属性,是指一个关系 R(称为被参照关系或目标关系)的主键,同时又是另一个关系 K(称为参照关系)的外键。参照关系 K 中外键的取值,要么与被参照关系 R 中某元组主键的值相同,要么取空值。

在学生管理数据库中,如果将"成绩表"作为参照关系,"学生表"作为被参照关系,以"学号"作为两个关系进行关联的公共属性,则"学号"是关系"学生表"的主键,是关系"成绩表"的外键。关系"成绩表"通过外键"学号"参照关系"学生表"中"学号"的值来取值。

3) 用户自定义完整性

用户自定义完整性(user defined integrity)则是根据实际需要,对某一具体应用所涉及的数据提出约束性条件。这一约束机制一般不应由应用程序提供,而应由关系模型提供定义并检验。用户自定义完整性主要包括字段有效性约束和记录有效性约束。字段有效性约束是指对字段的取值范围进行限定,而记录有效性约束是指对满足条件的整条记录进行限定,这可能涉及多个字段及其之间的关系。

1.3.2　规范化理论

1. 问题的提出

不合理的关系模式,不仅使关系数据库存在数据冗余度大的问题,而且在更新、插入和删除等操作过程中也会存在异常现象。因此,为了在关系数据库系统中生成一组关系模式,使用户既不必存储重复信息,又可以方便地获取信息,我们就需要设计满足规范化理论的关系模式。

假设关系模式为:学生信息表(学号,姓名,院系编号,院系名称,院系地址),如表 1 - 4 所示。在表 1 - 4 的操作过程中,可能存在如下问题。

表 1 - 4　学生信息表

学　号	姓　名	院系编号	院系名称	院系地址
01001	C1	01	基础部	办公楼 4 层
01002	C2	02	文传学院	办公楼 3 层
01003	C1	01	基础部	办公楼 4 层
01004	C3	02	文传学院	办公楼 3 层

(1) 数据冗余太大。当插入一条学生记录时,就会多一条院系编号、院系名称和院系地址的信息,造成院系信息的重复,院系信息冗余量大。

（2）更新异常（update anomalies）。当某一个院系的地址变更时，必须修改与该院系有关的每一条地址信息，即需要修改每一条与该院系相关的记录。

（3）插入异常（insertion anomalies）。如果一个院系刚成立，没有学生，则无法将这个院系的信息存入数据库，造成数据插入异常。

（4）删除异常（deletion anomalies）。如果一个院系的学生全部毕业，我们在删除该院系的学生的信息时，会将该院系的信息删除，造成删除异常。

为了消除关系模式中的数据冗余和数据依赖中不合适的部分，解决异常现象，在构建关系数据模型的过程中设计的关系模式需要满足规范化的要求，即"范式"（normal form）的要求。

2. 函数依赖

函数依赖是关系模式中属性之间的一种联系。如果一个关系模式设计得不好，说明在它的某些属性之间存在"不良"的函数依赖关系。这些"不良"的函数依赖关系会导致数据操作出现异常现象。

定义 1 设 $R(U)$ 是属性集 U 上的关系模式，X 和 Y 均为 U 的子集。如果对于 X 的每一个具体值，Y 都有唯一的具体值与之对应，则称 X 函数决定 Y，或 Y 函数依赖于 X，记为：$X \rightarrow Y$。其中，X 为决定因素，Y 为依赖因素。

（1）如果 $X \rightarrow Y$，同时 Y 不包含于 X，则称 $X \rightarrow Y$ 是非平凡的函数依赖。

（2）如果 $X \rightarrow Y$，且对于 X 的任何真子集 X'，都不存在 $X' \rightarrow Y$，则称 Y 完全依赖于 X，否则，称 Y 部分依赖于 X。

（3）如果 X、Y、Z 是属性集 U 的子集，若 $X \rightarrow Y$，$Y \rightarrow Z$，X 不依赖于 Y，且 X 不包含 Y，则称 Z 传递依赖于 X。

例 1 - 1 若存在关系模式：学生表（学号，姓名，课程号，成绩，学分），可写出如下函数依赖。

（1）完全依赖：属性"学号"的值完全决定属性"姓名"的值，属性"姓名"的值完全依赖于属性"学号"的值。属性集{学号，课程号}的值完全决定属性"成绩"的值，属性"成绩"的值完全依赖于属性集{学号，课程号}。

（2）部分依赖：在属性集{学号，课程号}中，只需要属性"学号"的值就可以决定属性"姓名"的值，所以，属性"姓名"部分依赖于属性集{学号，课程号}。

例 1 - 2 若存在关系模式：关系 R（学号，班级，辅导员），一个班有若干学生，一个学生只能在一个班，一个班只能有一个辅导员，一个辅导员可以负责多个班。根据实际情况，可写出如下函数依赖。

传递依赖：属性"学号"的值决定属性"班级"的值，属性"班级"的值决定属性"辅导员"的值，所以，属性"辅导员"传递依赖于属性"学号"。

3. 规范化

1）范式

规范化的基本思想就是消除关系模式中的异常，消除异常的过程就是关系模式规范化的过程。规范化的基本原则是"概念单一化"，即一个关系只描述一个实体或者实体间的联系。若多于一个实体,就把它分离出来。关系数据库的任意一个关系,都需要满足一定的数据依赖约束。满足不同程度的数据依赖约束的关系,称为不同范式的关系。

2) 第一范式(1NF)

第一范式是最基本的规范形式,即在关系中每个属性都是不可再分的简单项。例如,在表 1-5 中,"收入"不是最基本的数据项,它还可以再细分为"基本工资"和"课时津贴"两个数据项,因此该关系不满足第一范式。

表 1-5 教工信息表

教工编号	姓 名	收 入	
		基本工资	课时津贴
01001	张 力	2 200	3 500
01002	吴 刚	2 400	4 000

只要将不满足第一范式的属性分解,表示为不可再分的数据项,即可满足第一范式,如表 1-6 所示。

表 1-6 教工信息表(修改后)

教工编号	姓 名	基本工资	课时津贴
01001	张 力	2 200	3 500
01002	吴 刚	2 400	4 000

3) 第二范式(2NF)

满足第一范式,且每个非主属性都完全依赖于任意一个候选关键字,则这个关系满足第二范式。

在如表 1-7 所示的学生选课表中,主键为属性集{学号,课程编号},且满足第一范式。但是,非主属性"课程名称"和"学分"两个字段仅依赖于主键中的"课程编号"字段,即该关系中存在非主属性部分依赖于候选关键字的情况,故不满足第二范式。

表 1-7 学生选课表

学 号	课程编号	课程名称	学 分	成 绩
01001	C1	计算机基础	2	80
01001	C2	数据库	4	90

续　表

学　号	课程编号	课程名称	学　分	成　绩
01002	C1	计算机基础	2	85
01003	C2	数据库	4	75

因为该关系不满足第二范式,所以在实施数据操作时会产生多种异常现象。例如,插入多条选修同一门课程的学生成绩时,"课程名称"和"学分"两个字段会多次出现,产生数据冗余。

为保证该关系满足第二范式,需要对关系模式"学生选课表(学号,课程编号,课程名称,学分,成绩)"(见表 1-7)进行分解。将其分解为关系模式"学生选课表(学号,课程编号,成绩)"(见表 1-8)和关系模式"课程信息表(课程编号,课程名称,学分)"(见表 1-9)即可。

表 1-8　学生选课表

学　号	课程编号	成绩
01001	C1	80
01001	C2	90
01002	C1	85
01003	C2	75

表 1-9　课程信息表

课程编号	课程名称	学分
C1	计算机基础	2
C2	数据库	4

4) 第三范式(3NF)

满足第二范式,且每个非主属性对任意一个候选关键字都不存在传递依赖,则这个关系满足第三范式。

如表 1-10 所示,关键字为"学号",不存在部分依赖,满足第二范式。但是"院系名称"和"院系地址"存在数据冗余,并依赖于"院系编号",而"院系编号"依赖于"学号",故存在传递依赖,因此该关系不满足第三范式。

表 1-10　学生信息表

学　号	姓　名	院系编号	院系名称	院系地址
01001	C1	01	基础部	办公楼 4 层
01002	C2	02	文传学院	办公楼 3 层
01003	C3	01	基础部	办公楼 4 层
01004	C4	02	文传学院	办公楼 3 层

为保证该关系满足第三范式,需要对关系模式"学生信息表(学号,姓名,院系编号,院系名称,院系地址)"(见表 1－10)进行分解。将其分解为关系模式"学生表(学号,姓名,院系编号)"(见表 1－11)和关系模式"院系表(院系编号,院系名称,院系地址)"(见表1－12)即可。

表 1－11　学生表

学　号	姓　名	院系编号
01001	C1	01
01002	C2	02
01003	C3	01
01004	C4	02

表 1－12　院系表

院系编号	院系名称	院系地址
01	基础部	办公楼 4 层
02	文传学院	办公楼 3 层

5)BC 范式

BC 范式(Boyce Codd 范式)是第三范式的改进。若所有属性(不仅是非主属性)对任意一个候选关键字都不存在传递依赖,则这个关系满足 BC 范式。

假设在如表 1－13 所示的学生选课表中,"姓名"字段没有重复值,则本关系有两个候选关键字:{学号,课程名称}和{姓名,课程名称}。其中,"学号""姓名"和"课程名称"是主属性,"成绩"是非主属性,非主属性并不传递依赖于候选关键字,属于第三范式。但主属性"姓名"依赖于主属性"学号","学号"依赖于候选关键字{学号,课程名称},即主属性"姓名"传递依赖于候选关键字。假如新生入学,因为没有选课,致使两个候选关键字中的"课程名称"为空,即候选关键字中的主属性为空,导致无法将新生记录添加到列表中。

表 1－13　学生选课表

学　号	姓　名	课程名称	成　绩
01001	C1	计算机基础	80
01001	C1	数据库	89
01002	C2	计算机基础	85
01003	C3	数据库	75

解决办法是对关系模式"学生选课表(学号,姓名,课程名称,成绩)"(见表 1－13)进行分解,将其分解为"学生表"(见表 1－14)和"成绩表"(见表 1－15)。

表 1 - 14　学生表

学　号	姓　名
01001	C1
01001	C1
01002	C2
01003	C3

表 1 - 15　成绩表

学　号	课程名称	成　绩
01001	计算机基础	80
01001	数据库	89
01002	计算机基础	85
01003	数据库	75

虽然,不满足 BC 范式会导致一些数据冗余和一致性问题,但将关系分解为满足 BC 范式时,关系又会丢失一些函数依赖。例如,上例的关系分解之后,丢失了依赖关系,即"成绩"字段依赖于{姓名,课程名称}字段集合。所以,在一般情况下,不会强制要求关系满足 BC 范式。

6) 关系模式规范化小结

规范化的目的是将复杂的关系模式分解为简单的关系模式。范式的等级越高,应满足的约束条件越严格,每一级别都依赖于它的前一级别。一般来说,关系模式的转换方式,就是将关系分解为 2 个或多个关系,满足第三范式即可。

关系模式规范化的优势在于减少了数据冗余,节约了存储空间,同时加快了增、删、改的速度。但是,数据查询时需要关系之间的连接操作,过高的数据分离有时候会影响查询的速度。因此,并不一定要求全部关系模式都达到 BC 范式,有时保留部分冗余可能更方便进行数据的查询。

1.3.3　关系运算

关系运算是在关系数据库进行查询时进行的,目的是依据用户兴趣查询数据。关系的基本运算有两类:一类是传统的集合运算(并、差、交、笛卡儿积等),另一类是专门的关系运算(选择、投影、连接和除等)。基本运算可以组合使用。

1. 关系的数学定义

1) 域

域是指一组具有相同数据类型的值的集合,又称为值域(用 D 表示)。域中所包含的值的个数称为域的基数(用 m 表示)。例如,学生性别的域为{男,女}。

2) 笛卡儿积定义

给定一组域 D_1,D_2,…,D_n(域中可以包含相同的元素,也可以元素完全不同),域 D_1,D_2,…,D_n 的笛卡儿积 $D_1 \times D_2 \times \cdots \times D_n = \{(d_1, d_2, \cdots, d_n) \mid d_i \in D_i, i=1, 2, \cdots, n\}$,可见笛卡儿积也是一个集合。例如,$D_1 = \{$张三,李四$\}$,$D_2 = \{$男,女$\}$,则 $D_1 \times D_2 = \{($张三,男$)($张三,女$)($李四,男$)($李四,女$)\}$。

3) 关系

$D_1 \times D_2 \times \cdots \times D_n$ 的任意子集叫作在域 D_1,D_2,…,D_n 上的关系,用 $R(D_1,$

D_2，…，D_n）表示，R 是关系的名字，n 是关系的度或目。

2. 关系的集合运算

传统的集合运算是二目运算，包括并、交、差、广义笛卡儿积 4 种。设关系 R 和关系 S 具有相同的目 n（即两个关系都有 n 个属性），且相应的属性取自同一个域，t 是元组变量（即代表每一条记录），$t \in R$ 表示 t 是 R 的一个元组，则可定义并、交、差运算。

1）并运算

关系 R 和关系 S 的并运算记作：$R \cup S = \{t \mid t \in R \lor t \in S\}$，其结果具有 n 个属性，由属于 R 或属于 S 的元组构成。

2）差运算

关系 R 和关系 S 的差运算记作：$R - S = \{t \mid t \in R \land t \notin S\}$，其结果具有 n 个属性，由属于 R 且不属于 S 的元组构成。

3）交运算

关系 R 和关系 S 的交运算记作：$R \cap S = \{t \mid t \in R \land t \in S\}$，其结果具有 n 个属性，由属于 R 且属于 S 的元组构成。

4）关系 R 和关系 S 的笛卡儿积

两个分别有 n 和 m 个属性的关系 R 和 S 的笛卡儿积是一个（$n + m$）列的元组的集合。元组的前 n 列是 R 的一个元组，后 m 列是 S 的一个元组。若 R 有 k_1 个元组，S 有 k_2 个元组，则关系 R 和关系 S 的笛卡儿积有 $k_1 \times k_2$ 个元组，记作：$R \times S = \{t_R t_S \mid t_R \in R \land t_S \in S\}$。

假设学生表如表 1-16 所示，优秀学生表如表 1-17 所示。表 1-16 和表 1-17 的交是既属于前者又属于后者的实体，结果如表 1-18 所示。

表 1-16　学生表

学　号	姓　名
01001	C1
01002	C2
01003	C3

表 1-17　优秀学生表

学　号	姓　名
01001	C1
01004	C4

表 1-18　表 1-16 和表 1-17 的交

学　号	姓　名
01001	C1

表 1-16 和表 1-17 的并，是属于前者或属于后者的所有实体，结果如表 1-19 所示；表 1-16 和表 1-17 的差，是属于前者且不属于后者的所有实体，结果如表 1-20 所示；表 1-16 和表 1-17 的笛卡儿积，是表 1-16 的任何一个元组为第 1 个元素，表 1-17 的任何一个元组为第 2 个元素，两个元素组成有序对，结果如表 1-21 所示。另外，在进行两个关系的笛卡儿积计算时，它们的属性个数（有时称为目或度）可以不同。

表 1 - 19　表 1 - 16 和表 1 - 17 的并

学　号	姓　名
01001	C1
01002	C2
01003	C3
01004	C4

表 1 - 20　表 1 - 16 和表 1 - 17 的差

学　号	姓　名
01002	C2
01003	C3

表 1 - 21　表 1 - 16 和表 1 - 17 的笛卡儿积

学　号	姓　名	学　号	姓　名
01001	C1	01001	C1
01001	C1	01004	C4
01002	C2	01001	C1
01002	C2	01004	C4
01003	C3	01001	C1
01003	C3	01004	C4

3. 专门的关系运算

4 个专门的关系运算包括选择、投影、连接和除。为了学习者更好地理解，我们将以具体的关系讲解"关系运算"的内容。

1）选择

使用比较运算符、逻辑运算符，从指定的关系中选择满足给定条件的元组组成新的关系。选择操作记作：$\sigma_F(R) = \{t \mid t \in R \wedge F(t) = "真"\}$，其中 F 表示选择条件。

例 1 - 3　从关系 Score1 中选择数学成绩高于 90 分的元组组成关系 S1，即 S1 = $\sigma_{\text{数学}>90}(\text{Score1})$。

运算结果如图 1 - 9 所示。

关系 Score1

学　号	姓名	数学	英语
20210001	张三	98	87
20210002	李四	89	85
20210003	王五	91	89

关系 S1

学　号	姓名	数学	英语
20210001	张三	98	87
20210003	王五	91	89

图 1 - 9　选择运算

2）投影

从指定关系的属性集合中选取若干个属性并去除重复项组成新的关系。投影操作记作：$\pi_A(R) = \{t[A] \mid t \in R\}$，其中 A 表示 R 中的属性列。

例 1 - 4　从关系 Score1 中选择"学号""姓名""数学"组成新的关系 S2，即 S2 = $\pi_{\text{学号,姓名,数学}}(\text{Score1})$。

运算结果如图 1 - 10 所示。

关系 Score1

学　号	姓名	数学	英语
20210001	张三	98	87
20210002	李四	89	85
20210003	王五	91	89

关系 S2

学　号	姓名	数学
20210001	张三	98
20210002	李四	89
20210003	王五	91

图 1-10　投影运算

3）连接

将两个关系中的元组按指定条件组合成新的关系。最常用的连接运算是等值连接，它利用两个关系中的公共字段，把该字段值相等的记录连接起来。选择和投影是单目运算，而连接运算是双目运算，其操作对象是两个关系。连接操作记作：$R \infty S = \{t_R t_S \mid t_R \in R \wedge t_S \in S \wedge t_R[A] = t_S[B]\}$。

例 1-5　将 Score1 和 Score2 按相同学号合并（按学号等值连接），得到关系 S3，即 $S3 = \sigma_{i=j}(\text{Score1} \times \text{Score2})$。在笛卡儿积中去掉重复值，得到等值连接的结果。

运算结果如图 1-11 所示。

关系 Score1

学　号	姓　名	数学	英语
20210001	张三	98	87
20210002	李四	89	85
20210003	王五	91	89

关系 Score2

学　号	姓　名	体育
20210001	张三	优
20210002	李四	良
20210004	刘柳	差

关系 S3

学　号	姓　名	数学	英语	体育
20210001	张三	98	87	优
20210002	李四	89	85	良

图 1-11　连接运算

4）除

给定关系 $R(X, Y)$ 和 $S(Y, Z)$，其中 X、Y、Z 为属性组。R 中的 Y 和 S 中的 Y 可以有不同的属性名，但必须出自相同的域。那么，R 和 S 的除运算将得到一个新的关系 $P(X)$，P 是 R 中满足下列条件的元组在 X 属性列上的投影：元组在 X 上分量 x 的象集 Y_x 包含 S 在 Y 上投影的集合。除运算记作：$R \div S = \{t_R[X] \mid t_R \in R \wedge \pi_Y(S) \subseteq Y_x\}$。

其中，Y_x 为 x 在 R 中的象集，$x = t_R[X]$；$\pi_Y(S)$ 为关系 S 在属性 Y 上的投影。

计算关系 Score1 除关系 Score2 的结果(见图 1-12)。首先，可知两个关系的共同属性有"姓名"和"成绩"，Score1 除 Score2 得到的是 Score1 中包含而 Score2 中不包含的属性，即"课程编号"属性的值；

其次，关系 Score1 中"课程编号"的取值为{001,002,003}，三个取值对应的象集分别为{(张三,98)}{(张三,80),(李四,89)}和{(王五,91)}；

再次，Score2 在"姓名"和"成绩"上的投影为{(张三,80),(李四,89)}，只有第二个取值 002 的象集包含 Score2 在"姓名"和"成绩"上的投影，所以，Score1 除 Score2 的结果为"课程编号"为"002"，如图 1-12 所示。

关系 Score1

课程编号	姓　名	成　绩
001	张三	98
002	张三	80
002	李四	89
003	王五	91

关系 Score2

姓　名	成　绩
张三	80
李四	89

关系 S3

课程编号
002

图 1-12　除运算

1.4　数据库系统设计

以学生选课数据库系统为例，系统中不仅需要记录学生、课程的信息，而且要实现各个对象的增加、删除、修改、查找等基本的数据管理功能和报表的打印输出功能。依据分析，该系统涉及学生、课程、教师、教材和专业 5 个实体。该系统能够完成信息采集、数据维护等功能，在操作上简单、实用，而且系统操作界面能直观、清晰地显示业务流程和各类信息。

1.4.1　概念数据模型的确定

我们可以假定：一个专业有多名学生，但一名学生只能属于一个专业；一门课程可以被多名学生选修，一名学生也可以选修多门课程；一名教师可以讲授多门课程，一门课程可以由多名教师共同完成；一门课程只能指定一本教材，一本教材也只被一门课程选用。通过上述关系的指定，可以完成学生所选课程、指导教师及所使用教材的信息搜索，可以完成教师所授课程信息的查找和统计，等等。

依据上述关系，得到学生选课数据库系统的 E-R 图，如图 1-13 和图 1-14 所示。

在数据库设计的过程中,为了避免 E-R 图过于庞大,我们可以对实体之间的联系图(见图 1-13)进行单独绘制,对实体及其属性(见图 1-14)也进行单独绘制。当然,也可以将实体的属性和实体之间的联系表示在一张 E-R 图中。

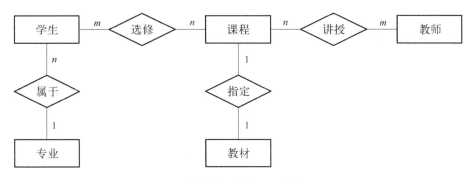

图 1-13　学生选课数据库系统的 E-R 图

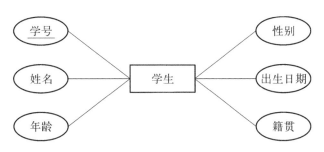

图 1-14　"学生"实体的 E-R 图

1.4.2　转换为关系数据模型

建立了数据库系统的 E-R 图之后,需要将概念数据模型转换为关系数据模型,也就是将概念模型的核心概念转换为可以在计算机中实现的逻辑数据模型(此处即指关系数据模型)体系下的概念,其中最重要的是关系数据模型中关系模式的获得。首先,我们将概念数据模型中的实体对象直接转换为一个关系表(即一个关系模式,如"学生"实体转换为"学生表"),将实体的属性转换为关系表的数据项,关系表的主键需要根据实际情况而定;其次是实体之间联系的转换,转换规则如下。

(1)对于 1∶1 联系和 1∶n 联系:将"1"端的主键作为外键放在另外一个"1"或"n"端中,通过这个外键建立两个关系表之间的联系。一般来讲,不需要将一对一和一对多联系转换为一个关系表,如图 1-13 中的联系"指定"和"属于"。

(2)对于 n∶m 联系:将联系本身转换为一个关系模式,其主键由两个"多"端的主键组合而成,通过转换而来的关系模式建立两个表之间的多对多联系。如图 1-13 中的联系"选修",即为多对多联系,在下文中将"选修"转换为"成绩表"关系表。

针对图 1-13 中的 E-R 图,其关系数据模型中的关系模式设计如下(为了后期工作的方便,相对于图 1-14 中实体的属性集,关系模式中的字段有所增加)。

（1）学生表(学号,姓名,性别,出生日期,年级,籍贯,是否为少数民族,入学成绩,简历,主页,吉祥物,代表作品,专业名),主键为学号,外键为专业名。

（2）课程表(课程编号,课程名称,学分,学时,是否必修),主键为课程编号。

（3）成绩表(学号,课程编号,平时成绩,考试成绩,总评成绩),主键为{学号,课程编号},学号和课程编号均为外键。

（4）教师表(教师编号,姓名,性别,出生日期,联系电话,电子邮件,家庭住址,工资,院系编号,职称),主键为教师编号。

（5）讲授表(教师编号,课程编号,课程名称),主键为{教师编号,课程编号},教师编号和课程编号均为外键。

（6）教材表(教材编号,教材名称,出版社,出版日期,课程编号),主键为教材编号,外键为课程编号。

（7）专业表(专业名,专业编号,成立年份,专业简介),主键为专业名。

关系模式设计完成之后,我们需要利用规范化理论对关系模式进行分析,确认关系模式是否能够满足范式要求,一般要求关系模式满足第三范式即可,从而保障在数据操作的过程中保持数据的完整性和一致性。

练 习 题

一、选择题

1. 在数据管理技术的发展过程中,数据管理经历了人工管理阶段、文件系统阶段和数据库系统阶段。在这几个阶段中,数据独立性最高的是(　　)阶段。

A. 数据库系统　　　B. 文件系统　　　C. 人工管理　　　D. 数据项管理

2. 数据库的概念数据模型独立于(　　)。

A. 具体的机器和数据库管理系统　　　B. E-R 图

C. 信息世界　　　D. 现实世界

3. 在专门的关系运算中,从表中取出指定属性的操作称为(　　)。

A. 选择　　　B. 投影　　　C. 连接　　　D. 扫描

4. 关系数据库中的码是指(　　)。

A. 能唯一决定关系的字段　　　B. 不可改动的专用保留字

C. 关键的很重要的字段　　　D. 唯一标识元组的属性或属性集合

5. E-R 图是数据库设计的工具之一,它适用于建立数据库的(　　)。

A. 概念数据模型　　　B. 逻辑数据模型　　　C. 结构数据模型　　　D. 物理数据模型

6. 关于数据库,下列说法中不正确的是(　　)。

A. 数据库避免了一切数据的重复

B. 若系统是完全可以控制的,则系统可确保更新时的一致性

C. 数据库中的数据可以共享

D. 数据库减少了数据冗余

7. 按所使用的逻辑数据模型来分,数据库可分为(　　)3 种类型。

A. 层次、关系和网状　　　　　　　B. 网状、环状和链状

C. 大型、中型和小型　　　　　　　D. 独享、共享和分时

二、填空题

1. 数据库系统一般由硬件、软件、(　　)和人员构成。

2. 实体集(简称实体)之间的联系可分为 3 类,它们是(　　)、(　　)、(　　)。

3. (　　)是长期存储在计算机内的、有组织的、可共享的数据集合。

4. 数据库的基本特点是(　　)、独立性高、共享性高,可扩展性高、统一管理和控制。

5. 数据库系统的核心是(　　)。

6. 数据库管理系统能实现对数据库中数据的查询、插入、修改和删除等操作,这种功能称为(　　)。

7. 数据库管理系统的主要功能有(　　)、(　　)、数据控制、数据库的建立和维护、数据通信等多个方面。

8. 逻辑模型是一种面向数据库系统的模型,按照数据结构的类型来命名,数据的逻辑模型分为(　　)、(　　)和(　　)。

9. 在概念数据模型中,表示实体及其联系的方法为(　　)。其基本图素包括(　　)、(　　)和(　　)。其中,实体用(　　)表示,实体属性用(　　)表示,联系用(　　)表示。

10. 在关系数据模型中,主表和从表通过(　　)相关联。

11. 在关系 A(S,SN,D)和 B(D,CN,NM)中,A 的主键是 S,B 的主键是 D,则 D 在 A 中称为(　　)。

12. 候选关键字中的属性称为(　　)。

三、简答题

1. 请概述什么是数据库(DB)。

2. 请概述什么是数据库管理系统(DBMS)。

3. 请简述关系数据模型的完整性约束。

四、 在学生选修课程信息管理系统中,要求:一个系可开设多门课程,但一门课程只在一个系开设;一个学生可选修多门课程,每门课程可供若干学生选修;一名教师只教一门课程,但一门课程可由几名教师讲授;每个系聘用多名教师,但一名教师只能被一个系所聘用。要求在这个选修课程信息管理系统中能查到任何一个学生某门课程的成绩,以及这个学生的这门课是哪个老师所教的。

(1) 请根据以上描述,绘制相应的 E-R 图,并直接在 E-R 图上注明实体名、属性、联系类型。

(2) 将 E-R 图转换成关系模式,并说明主键和外键。

(3) 分析这些关系模式中所包含的函数依赖,根据这些函数依赖,分析相应的关系模式达到了第几范式。如有必要,请对这些关系模式进行规范化。

五、设某汽车运输公司数据库中有"车队""车辆"和"司机"3 个实体集。"车队"实体集的属性有车队号、车队名等;"车辆"实体集的属性有牌照号、厂家、出厂日期等;"司机"实体集的属性有司机编号、姓名、电话等。

车队与司机之间存在"聘用"联系,每个车队可聘用若干司机,但每个司机只能应聘于一个车队,车队聘用司机有"聘用开始时间"和"聘期"两个属性;车队与车辆之间存在"拥有"联系,每个车队可拥有若干车辆,但每辆车只能属于一个车队;司机与车辆之间存在"使用"联系,司机使用车辆有"使用日期"和"公里数"两个属性,每个司机可使用多辆汽车,每辆汽车可被多个司机使用。

(1) 请根据以上描述,绘制相应的 E-R 图,并直接在 E-R 图上注明实体名、属性、联系类型。

(2) 将 E-R 图转换成关系模式,并说明主键和外键。

(3) 分析这些关系模式中所包含的函数依赖,根据这些函数依赖,分析相应的关系模式达到了第几范式。如有必要,请对这些关系模式进行规范化。

六、设某电子商务企业有 3 个实体集。"仓库"实体集的属性有仓库号、仓库名和地址等;"商店"实体集的属性有商店号、商店名、地址等;"商品"实体集的属性有商品号、商品名、单价等。

仓库与商品之间存在"库存"联系,每个仓库可存储若干种商品,每种商品存储在若干仓库中,库存有"库存量""存入日期"属性;商店与商品之间存在"销售"联系,每个商店可销售若干种商品,每种商品可在若干商店里销售,每个商店销售一种商品有"月份"和"月销售量"两个属性;仓库、商店、商品之间存在一个三元联系"供应",反映了把某个仓库中存储的商品供应到某个商店,此联系有"月份"和"月供应量"两个属性。

(1) 请根据以上描述,绘制相应的 E-R 图,并直接在 E-R 图上注明实体名、属性、联系类型。

(2) 将 E-R 图转换成关系模式,并说明主键和外键。

(3) 分析这些关系模式中所包含的函数依赖,根据这些函数依赖,分析相应的关系模式达到了第几范式。如有必要,请对这些关系模式进行规范化。

第 2 章

Access 2021 操作基础

本章包括软件环境介绍、软件基本操作和数据安全管理 3 个部分。需要学习者了解 Access 2021 的工作环境，了解 Access 2021 的 6 大数据库对象，掌握创建数据库系统的方法及数据库系统里的常规操作方法，掌握 Access 2021 数据库系统中基本的安全设置。

2.1 Access 2021 的使用基础

2.1.1 Access 2021 的工作界面

1. 工作界面介绍

Access 2021 的工作界面(见图 2 - 1)与其他 Office 系列软件的工作界面类似。为便于操作，编辑区会依据选中的不同数据库对象，呈现不同的视图形式。状态栏中的记录浏览器为查找、跳转到相应记录提供了方便。

工作界面
介绍

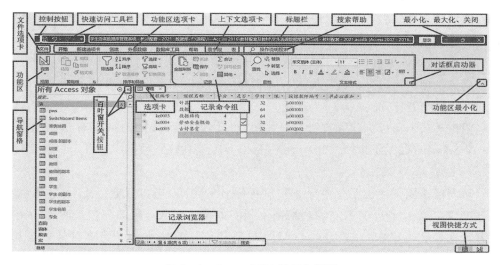

图 2 - 1 Access 2021 的工作界面

Access 2021 由标题栏、功能区、工作区和状态栏 4 部分构成，其中工作区是数据库操作的窗口，对数据库所有对象的操作均在此区域内完成。功能区选项卡主要包括"文件""开始""创建""外部数据"和"数据库工具"。此外，依据选择对象的不同还将打开上下文选项卡。

1)"文件"选项卡

"文件"选项卡是一个特殊的选项卡,与其他选项卡的结构、布局有所不同。单击"文件"选项卡,打开文件窗口,如图 2-2 所示。窗口被分成左右两个窗格,左侧窗格显示与文件操作相关的按钮,右侧窗格显示可以执行的不同命令。在左侧窗格列表中有"选项"按钮(如果未显示,可单击"更多"),单击"选项"按钮可打开"Access 选项"对话框。

图 2-2 "文件"选项卡

2)"开始"选项卡

利用该选项卡可以实现视图切换,数据库对象或记录的复制与移动,记录的创建、保存、删除、排序与筛选等,还可以完成设置字体,以及数据的查找或替换等操作。

3)"创建"选项卡

在该选项卡中,可以利用模板或者自行创建表、查询、窗体、报表、宏等数据库对象,也可以创建应用程序。

4)"外部数据"选项卡

利用该选项卡可以进行数据库的导入和导出。

5)"数据库工具"选项卡

利用该选项卡可以创建和查看表间关系,启动 VB(Visual Basic)程序编辑器和运行宏,在 Access 和 SQL Server 之间移动数据,以及压缩和修复数据库等。

2. 导航窗格

导航窗格是用于在数据库中导航和执行任务的窗口,当打开数据库后,它默认出现在程序窗口左侧,以便于打开对象或切换不同的数据库对象。导航窗格按照组和类别组织对象。在导航窗格中,用户还可以修改对象和创建自定义组织方案。导航窗格(见图 2-3)包含以下部分:

(1) 最顶层菜单,用于设置该窗体对数据库对象分组的类别;

(2) "百叶窗开关"按钮,用于展开或折叠导航窗格,如图 2-1 所示;

(3) 搜索框,用于快速查找对象;

(4) 数据库对象,包括数据库系统的 6 大对象;

导航窗格

（5）空白处，当右键单击空白处时，可执行各种任务，如排序或查看方式；

（6）在导航窗格中，选中数据库对象并右键单击，可以根据向导导入或导出数据。

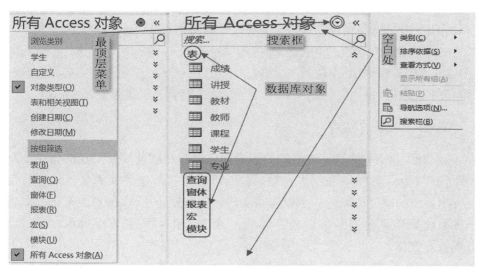

图 2-3　导航窗格

3. 导航窗格的设置

单击导航窗格右上角的"百叶窗开关"按钮或按 F11 功能键（有的计算机需要同时按下 Fn 键），可以显示或隐藏导航窗格。

1）显示导航窗格

（1）单击"文件"选项卡，然后单击"选项"按钮，将出现"Access 选项"对话框①，如图 2-4 所示。

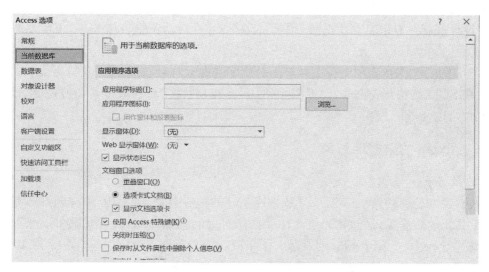

图 2-4　"Access 选项"对话框

————————————————

① "Access 选项"对话框主要用于完成对 Access 工作环境的设置。

（2）在左侧窗格中，单击"当前数据库"选项。

（3）在"导航"模块下，选中"显示导航窗格"复选框，单击"确定"按钮即可。

2）选项卡式文档

（1）单击"文件"选项卡，然后单击"选项"按钮，将出现"Access 选项"对话框。

（2）在左侧窗格中，单击"当前数据库"选项。

（3）在"应用程序选项"模块的"文档窗口选项"中，选中"选项卡式文档"单选按钮。

（4）选中或清除"显示文档选项卡"复选框，单击"确定"按钮即可。

2.1.2　Access 2021 的特点

Access 2021 是微软把数据库引擎的图形用户界面和软件开发工具结合在一起的一个数据库管理系统。Access 数据库易学、易用，即使非计算机专业人员不使用任何代码也能开发出不错的软件。Access 数据库主要用于中小型企业、大公司内部部门级各类小型数据库系统的开发与应用，如财务管理、生产管理、销售管理、库存管理、人事管理、培训等各类管理软件。

Access 2021 版拥有以前版本的全部功能，并主要增加了以下新功能。

（1）"添加表"任务窗格替换查询设计视图和"关系"窗口中的"显示表"模式对话框，包含"表""链接""查询"和"所有"4 个选项卡。

（2）数据库对象选项卡的显示。活动选项卡的背景色为红色，而非活动选项卡的背景色为白色；若要重新排列对象，将选项卡拖放到新位置即可；等等。

（3）通过"外部数据"选项卡，打开"链接表管理器"对话框。链接表管理器是用于查看和管理 Access 数据库中所有数据源和链接表的中心位置。

（4）在查询设计视图和"关系"窗口中，为便于查看表数据、数据类型和字段属性，辅助创建条件或表达式，系统为表对象添加了 3 个新的右键命令："打开"（显示数据表视图）、"设计视图"（显示表设计视图）和"适合大小"（可自动调整表格大小，还可以双击右下角）。

（5）增加了"深色主题支持"，对于高对比度的视觉对象，便于用户获得更柔和的视觉效果；在 SQL（结构化查询语言）视图中使用"查找和替换"对话框搜索和替换 SQL 语句中的文本，以便于长 SQL 语句的编辑。

2.1.3　Access 的数据库对象

1. 数据表

数据表（以下简称表）是 Access 数据库系统的核心对象，主要用于存储数据，是整个数据库系统的数据源，是创建其他 5 种数据库对象的基础。Access 中的表以行、列来显示数据，一行表示一条记录，一列表示一个字段。一个数据库中可以包含一个或多个表。基本表是本身独立存在的表，一个关系就对应一个基本表。

视图是从一个或几个基本表导出的表。视图本身不存在独立存储在数据库中的数据，它是一个虚表。即数据库中只存放视图的定义，而不存放视图对应的数据，这些数据仍然存放在基本表中。视图在概念上与基本表等同,用户可以像使用基本表那样使用视图,可以在视图上再定义视图。

2. 查询

查询是对数据结果、数据操作或者这两者的请求。可以使用查询回答简单问题、执行计算、合并不同表中的数据,甚至添加、更改或删除表数据。用于从表中检索数据或进行计算的查询称为选择查询。用于添加、更改或删除数据的查询称为操作查询。

查询为窗体或报表提供了数据源。在设计良好的数据库中,要使用窗体或报表显示的数据通常位于多个不同的表中,故可以在设计窗体或报表之前使用查询组合要使用的数据。

3. 窗体

利用窗体,用户可以为数据库应用程序创建用户界面。绑定窗体是直接链接到数据源(如表或查询)的窗体,并可用于输入、编辑或显示来自该数据源的数据。另外,也可以创建未绑定窗体,该窗体没有直接链接到数据源,但仍然包含操作应用程序所需的命令按钮、标签或其他控件。

4. 报表

报表的记录源可以是表或查询对象,还可以是一条 SQL 语句。通过报表,可以对大量的数据进行综合整理、分类汇总,并最终将数据库中的数据以一定的格式输出。

5. 宏

宏是一个或多个宏命令组成的集合,用来自动执行一系列的操作。宏与内置函数一样,可以为数据库应用程序的设计提供各种基本功能。

6. 模块

模块的功能与宏类似,但它定义的操作比宏更精细和复杂,用户可以根据自己的需要编写程序。模块是由 VBA(Visual Basic for applications)程序设计语言编写的程序,通过嵌入 Access 中的 VBA 程序设计语言编辑器和编译器实现与 Access 的完美结合。

2.1.4　Access 的帮助系统

Access 的帮助系统涵盖的知识全面、丰富,在安装 Access 2013 以前的软件版本时,建议将帮助系统下载到本地,以便于通过帮助系统中的文章进行学习。一般情况下,打开 Access 的帮助系统的方法有以下 2 种。

(1) 打开 Access 软件,按 F1 功能键,弹出帮助窗口或在线支持网站。

(2) 单击菜单栏中的"操作说明搜索",输入搜索内容并确认,弹出帮助窗口。Access 2021 的帮助系统界面如图 2-5 所示。

图 2-5　Access 2021 的帮助系统界面

如果连接到了 Internet，Access 会加载联机帮助系统，联机帮助系统会提供大量有利于学习者学习的文档。我们建议使用这种方法，因为来自 Office.com 的内容始终是最新的。

2.2 数据库的创建与基本操作

创建数据库是数据库管理的基础，在 Access 中，可直接创建空数据库或者使用模板创建数据库。

2.2.1 创建空数据库

创建空数据库的具体步骤如下。

（1）打开"文件"选项卡，单击"新建"按钮，然后单击"空数据库"。

（2）在右窗格中单击"空白数据库"，在"文件名"文本框中输入文件名"学生选课数据库系统"。若要更改文件的默认位置，可单击"浏览到某个位置来存放数据库" ▤ （位于"文件名"文本框旁边），通过浏览找到新位置，单击"确定"按钮。

（3）单击"创建"按钮，将创建一个数据库，其中含有名为"表 1"的空表。

2.2.2 使用模板创建数据库

Access 附带了各种各样的模板，其中包含执行特定任务时所需的表、查询、窗体和报表。

（1）如果数据库已经打开，在"文件"选项卡中单击"新建"按钮，后台视图将显示"新建"选项卡。"新建"选项卡中提供了多个模板集，其中有一部分模板内置在 Access 中，也可以从 Office.com 下载更多模板。

（2）选择要使用的模板。

（3）Access 将在"文件名"文本框中为数据库系统提供一个建议的文件名，可以更改该文件名。如果希望保存数据库的文件夹不同于"文件名"文本框下显示的文件夹，单击 ▤ ，通过浏览找到保存数据库的文件夹，单击"确定"按钮。

（4）单击"创建"按钮。

2.2.3 数据库的基本操作

1. 打开与关闭

在没有启动 Access 的情况下，可以双击 Access 文件打开对应的数据库；在启动 Access 的情况下，通过"文件"选项卡下的"打开"对话框打开文件。关闭数据库可以选择"文件"选项卡下的"关闭数据库"按钮或"退出"按钮，也可以单击数据库窗口标题栏中的关闭按钮。

2. 压缩和修复数据库

Access 是一种文件型数据库，数据存储在扩展名为"accdb"的文件中。随着数据的增加、修改和删除，数据库文件在使用过程中可能会迅速增大，即使操作中删除了某些数据，数据的结构也可能被损坏。例如，在 Access 数据库中标记为"已删除"，其实并未真正删除,且可能会影响性能;另外,当多个客户端访问同一个数据库时,容易出现"写入不一致"的情况。因此,需要使用"压缩和修复数据库"命令来防止或修复这些问题。

压缩和修复操作需要以独占的方式访问数据库,压缩和修复数据库的方法是:在"文件"选项卡的"信息"组中单击"压缩和修复数据库"按钮(见图2-2),即可完成压缩和修复工作。也可以自动压缩和修复数据库,设置方法是:单击"文件"菜单中的"选项"按钮,打开"Access 选项"对话框,选中左窗格的"当前数据库",在"应用程序选项"下,选中"关闭时压缩"复选框。设置此选项只会影响当前打开的数据库。

无论数据库是否打开,均可以运行"压缩和修复数据库"命令,操作步骤为:启动Access,但不要打开数据库;单击"数据库工具"菜单,再单击"压缩和修复数据库"命令,在"压缩和修复数据库"对话框中选择需要操作的数据库,压缩之后将文件另存为一个新文件即可。

3. 备份数据库

一般情况下,我们需要备份数据库,以便在发生系统故障的情况下还原整个数据库,或者在"撤销"命令不足以修复错误的情况下还原对象。如果有多个用户在更新数据库,那么定期创建备份就很重要。没有备份副本,无法还原损坏或丢失的对象,也无法还原对数据库设计所做的任何更改。

2.2.4　导入、导出数据及链接数据库

1. 导入数据与链接数据库

Access 允许导入或链接到其他程序中的数据,允许从 Excel 工作表、另一个 Access 数据库表、SharePoint、数据库服务器及网页文件中导入数据。不同的数据源,导入过程会稍有不同。以导入与链接 Excel 工作表为例,获取外部数据的对话框如图2-6所示。

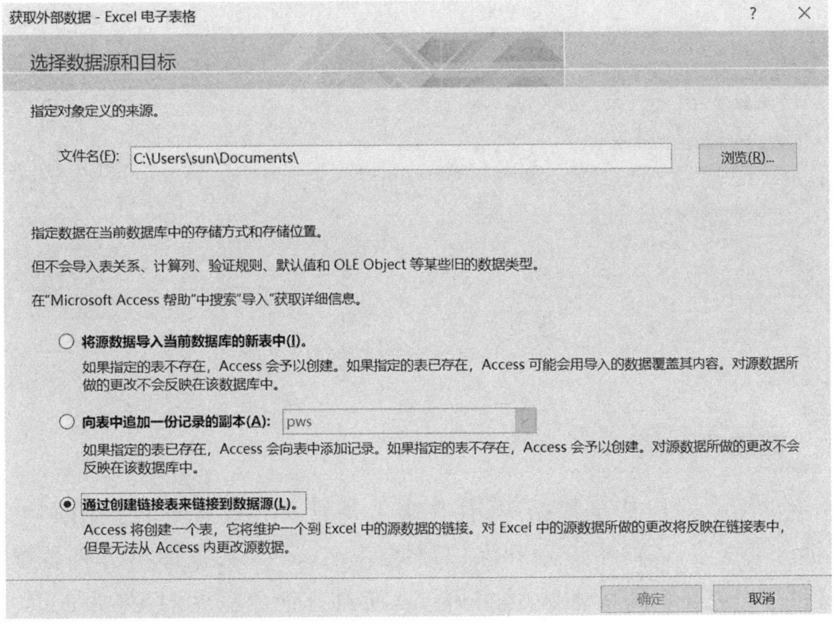

图 2-6　导入与链接 Excel 工作表

Access 为使用外部数据源的数据提供了两种选择：一是将数据导入当前数据库中；二是链接到数据，即链接到其他应用程序中的数据，这种方式不会将数据导入数据库中，这样在原始应用程序和 Access 文件中都可以查看并编辑这些数据。Access 使用不同的图标来表示链接表和存储在当前数据库中的表。链接表图标的左上角有箭头标识，删除链接表图标时只是删除了对表的链接。

2. 导出数据

导出操作可将该副本存储到其他形式的文档中，以备将来使用，或者按照固定的时间间隔自动导出。Access 可以导出表、查询、窗体、报表及视图中选中的记录，并将其存储为 Excel、PDF、Word、HTML 等多种格式的文档。

导出包含有子窗体、子报表或子数据表的对象时，只能导出主窗体、主报表或主数据表。一次导出操作只能导出一个数据库对象，若要导出全部子数据，必须对子数据对象重复执行导出操作。如果目标工作簿不存在，就在导出操作过程中创建工作簿。导出 Excel 表格的对话框如图 2-7 所示。

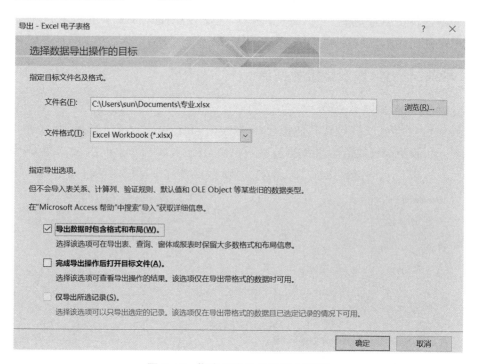

图 2-7 指定导出文件及导出选项

2.2.5 拆分数据库系统

当网络上的多个用户共享数据库、存在多个开发人员或者不希望用户更改表设计时，就需要拆分数据库，以便于应用和保护数据库。Access 数据库拆分将数据库重新组织到两个文件中：包含表的后端数据库和包含所有其他数据库对象(如查询、窗体和报表)的前端数据库。拆分数据库后，必须将前端数据库分发给用户，每个用户都通过使用前端数据库的本地副本与数据交互。Access 数据库拆分的步骤如下。

（1）创建要拆分的数据库的副本。

（2）打开本地硬盘驱动器上的数据库副本。

（3）在"数据库工具"选项卡上的"移动数据"组中，单击"Access 数据库"，数据库拆分器向导启动。

（4）单击"拆分数据库"。

（5）在"创建后端数据库"对话框中，指定后端数据库文件的名称、文件类型和位置。

注意：如果数据库系统有多个最终用户，需要保护数据库系统的数据时，建议不要共享包含指向 SharePoint 列表链接的数据库副本。

2.3　数据库安全

2.3.1　数据库安全的特征

数据库安全的特征主要是针对数据而言的，包括数据独立性、数据安全性、数据完整性、并发控制、故障恢复 5 个方面。

1. 数据独立性

数据独立性包括物理独立性和逻辑独立性两个方面。物理独立性是指用户的应用程序与存储在磁盘上的数据库中的数据是相互独立的；逻辑独立性是指用户的应用程序与数据库的逻辑结构是相互独立的。

2. 数据安全性

操作系统中的对象以文件为存储单位，而数据库支持的应用要求更为严格。比较完整的数据库对数据安全性常采取以下措施。

（1）将数据库中需要保护的部分与其他部分相隔。

（2）采用授权规则，如账户、口令和权限访问控制方法。

（3）对数据进行加密后存储于数据库。

3. 数据完整性

数据完整性包括数据的正确性、有效性和一致性。正确性是指数据值与对应域类型一样；有效性是指输入值满足约束条件；一致性是指不同用户使用的数据一致，防止合法用户向数据库中加入不合法的数据。

4. 并发控制

当多用户共享数据时，就需要实施并发控制，排除和避免重复读写、丢失、修改错误的发生。目前，主要采用封锁机制进行数据库的并发控制。

5. 故障恢复

当数据库被破坏或因系统误操作造成数据错误时，无论是物理上的还是逻辑上的错误，应通过及时备份或其他方法，尽快恢复丢失的数据，并解决数据库系统出现的故障。

2.3.2 数据库安全设置

1. 数据库安全设置的方法

Access 提供了设置数据库安全的几种传统方法。

(1) 设置密码:为打开的数据库设置密码,设置密码后,打开数据库时将显示要求输入密码的对话框,只有正确输入密码的用户才能打开数据库。在数据库打开之后,数据库中的所有对象对用户都将是可用的。

(2) 加密数据库:对数据库进行加密将压缩数据库文件,并使用户无法通过工具程序或自处理程序查看和修改数据库中的保密数据。

2. 设置数据库密码

(1) 打开数据库管理系统,在"文件"选项卡中,单击"打开"按钮。在"打开"对话框中,浏览找到要打开的文件,然后选择文件,单击"打开"按钮旁边的下拉按钮,显示按钮的下拉列表,然后单击"以独占方式打开",如图 2-8 所示。

设置/解除数
据库密码

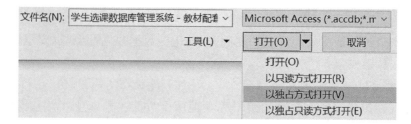

图 2-8 设置以独占方式打开数据库

(2) 在"文件"选项卡中,单击"信息"按钮,再单击"用密码进行加密"按钮,如图 2-9 所示。

图 2-9 用密码进行加密

(3) 在打开的"密码"文本框中输入密码,在"验证"文本框中再次输入该密码,如图 2-10 所示。建议使用由大写字母、小写字母、数字和符号组合而成的强密码(弱密码指不混合使用这些元素的密码)。例如,S9j♯ie5 是强密码,mouse 是弱密码。最好使用包括 14 个或更多字符的密码。

（4）单击"确定"按钮，完成密码设置。

图 2-10　设置密码

图 2-11　"要求输入密码"对话框

3．打开数据库

（1）打开以任何方式加密的数据库，在随即出现的"要求输入密码"对话框中输入密码，如图 2-11 所示。

（2）单击"确定"按钮即可。

4．解除数据库密码

解除数据库密码也要求以独占的方式打开数据库，操作步骤如下。

（1）按照加密步骤，先将需要解除密码的数据库以独占方式打开。

（2）在"文件"选项卡中，单击"信息"按钮，再单击"解密数据库"按钮，如图 2-12 所示。

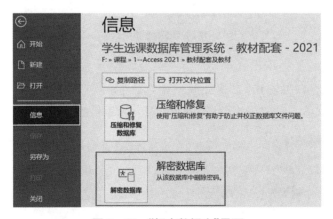

图 2-12　"解密数据库"界面

（3）在弹出的"撤销数据库密码"对话框的"密码"文本框中输入密码，然后单击"确定"按钮，如图 2-13 所示。

图 2-13　"撤销数据库密码"对话框

2.3.3 隐藏和取消隐藏数据库对象

在 Access 2021 中,隐藏和取消隐藏数据库对象的步骤如下。

1) 隐藏对象

在导航窗格中选中该对象,如选择学生表,按下"Alt"+"Enter"组合键打开"学生 属性"对话框,在对话框中选中"隐藏"复选框,如图 2‑14 所示,单击"确定"按钮。或者,右击学生表,并在快捷菜单中选择"在此组中隐藏"命令。另外,Access 认为以"usys"开头命名的是系统文件,而系统文件一般是不显示的,故可以通过命名隐藏对象。

图 2‑14　隐藏数据库对象

2) 取消隐藏

在导航窗格的空白处右击,在快捷菜单中选择"导航选项"命令,打开"导航选项"对话框,如图 2‑15 所示。取消选中"显示隐藏对象"复选框,此时隐藏的数据库对象在导航

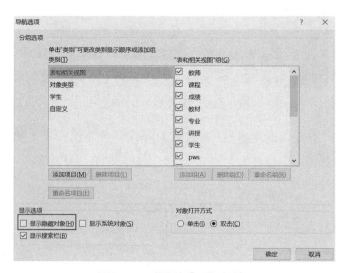

图 2‑15　"导航选项"对话框

窗格中会以灰色显示。最后,在导航窗格中,右击被隐藏的对象,选择"属性"命令,在如图 2-14 所示的对话框中取消选中"隐藏"复选框。

练 习 题

一、选择题

1. Access 2021 的数据库对象不包括(　　)。

A. 表　　　　　　B. 查询　　　　　　C. 关系数据模型　　D. 报表

2. 打开 Access 2021 数据库时,应打开扩展名为(　　)的文件。

A. mda　　　　　　B. mdb　　　　　　C. accdb　　　　　D. dbf

3. 为了在发生系统故障的情况下还原整个数据库,我们应该(　　)。

A. 压缩数据库　　　B. 修复数据库　　　C. 还原数据库　　　D. 备份数据库

4. 下面对于 Access 工作界面的说明,正确的是(　　)。

A. 在导航窗格中,可以按照类别和组进行数据库对象的组织管理

B. 在"外部数据"选项卡下,可以实现压缩和修复数据库的功能

C. 在"数据库工具"选项卡下,可以进行数据库的导入和导出

D. 在"Access 选项"对话框中,不可以切换文档窗口选项(选项卡式文档或重叠窗口)

二、简答题

1. Access 2021 包含哪几种数据库对象?

2. 数据库关系表的特点是什么?

3. 什么是基本表? 什么是视图? 两者的区别和联系是什么?

4. 窗体和报表的区别是什么?

第 3 章

表

本章包括创建表、创建表间关系、字段的属性设置、表及数据的操作 4 个部分。在创建表部分，需要学习者熟练掌握表的基本概念及其创建方法；在创建表间关系部分，需要学习者熟悉建立表间关系的前提并熟练掌握建立表间关系的方法；在字段的属性设置部分，需要学习者掌握表中字段的属性的设置方法和关键表达式的书写；最后，学习者应该能够熟练进行表结构的调整及表中数据的处理工作。这一章是数据库基础知识的实践，也是后续章节的基础，起到连接上下内容的桥梁作用。

3.1 创建表

3.1.1 什么是表

对于 Access 数据库管理系统来说，关系表自始至终就是一个二维表格。数据库中的关系表可以按照其所代表的意义分为 3 类：对象表、事务表和连接表。对象表记录与实际对象相关的信息，如客户；事务表保存有关事件的信息，如订单；连接表一般用于关联两个表，如成绩表。

完整的关系表包含表内容和表结构，表内容即关系表中的元组。表结构由表的名称及其所有字段组成，其中字段的确定包括字段的名称、字段的数据类型及字段的属性设置 3 部分。因此，表结构的定义主要是关系表名称的确定、字段名称及其数据类型的确定，以及字段属性的定义。

1. 关系表

关系表名是一个关系表的标识，而关系表的字段名称是指二维表中某一列的名称。关系表名可以使用字符直接命名，亦可使用骆驼拼写法①完成。例如，图书订单信息命名为 tblBookOrders，客户信息命名为 tblCustomers，员工窗体命名为 frmEmployees。字段名称可以由字母、汉字、数字、空格和其他字符组成，长度为 1～64 个字符，但不以空格

---

① 骆驼拼写法分为两种。第一个词的首字母小写，后面每个词的首字母大写，叫作"小骆驼拼写法"；第一个词的首字母和后面每个词的首字母都大写，叫作"大骆驼拼写法"，又称"帕斯卡拼写法"。对于数据库对象：表、查询、窗体、报表、宏、模块的命名，其前缀通常分别使用 tbl、qry、frm、rpt、mcr，以及 bas 或 mod 来界定。

开始,不使用"。""!""[""]""""'""'"等字符。

2. 数据类型

字段的数据类型界定了字段取值的性质及相应操作,包括短文本类型、长文本类型、数字类型、日期/时间类型、货币类型等 12 种。

1) 短文本类型

短文本类型字段用来存储字符信息,如姓名、地址;或者是不需要计算的数字或数字与文本的组合,如产品 ID、电话号码、文件编号或邮编等。短文本的长度不超过 255 个字符。

2) 长文本类型

长文本类型字段用来存储字母、数字字符或使用格式的文本,一般长度超过 255 个字符的文本使用长文本类型字段存储。长文本类型字段不能用于排序和索引。一个长文本类型字段最多存储 1 GB 字符或 2 GB 存储空间(每个字符占用 2 个字节的存储空间),一个控件中最多显示 63 999 个字符。

3) 数字类型

数字类型字段用于存储除货币值(货币值应使用货币类型)之外的用于计算的数字。根据其表现、存储形式的不同,又分为字节型(1 B)、整型(2 B)、长整型(4 B)、单精度型(4 B)、双精度型(8 B),它们所占的存储空间(即字段大小)不同。Access 2021 添加了"大数"数据类型(即大型页码),支持 8 B 的编码。

4) 日期/时间类型

日期/时间类型字段用于存储日期/时间数据。每个存储值均同时包括日期组件和时间组件,占 8 B。例如,"1966 - 9 - 26 23:12:31"和"2008 - 4 - 16 11:48:50"都是合法的日期/时间值。"1966 - 11 - 20"和"23:12:40"也是合法的日期/时间值。日期的年份只能在 100~9 999 之间。Access 2021 添加了"日期/时间已延长"数据类型,支持 42 B 编码的字符串,提供更大的日期范围、更高的小数精度,并且与 SQL Server datetime2 日期类型兼容。

5) 货币类型

货币类型字段用于存储货币值,占 8 B。货币类型字段参与计算期间禁止四舍五入,可以精确到小数点左边 15 位和小数点右边 4 位。显示时系统自动添加货币符号和千位分隔符,小数部分超过两位时自动四舍五入,如 $ 12 345.78、¥ 65 432.16。

6) 自动编号类型

自动编号是指在添加记录时,Access 自动插入的一个唯一的数值,用于生成可用作主键的唯一值。自动编号类型字段的值可按顺序或指定的增量增加,也可随机分配,每个关系表只能有一个自动编号类型字段,占 4 B,且不能更新,用于同步复制 ID 时为 16 B。

7) 是/否类型

是/否类型字段针对只包含两种不同取值的字段而设置,不允许空值。例如,性别、婚否等字段。

Access 一般用复选框内打"√"表示"是",用空白表示"否"。可以使用以下 3 种格式之一：Yes/No、True/False 或 On/Off。当然，也可以通过自定义数字格式指定是/否类型字段的显示，是/否类型字段占 1 B。

8）OLE 对象类型

OLE(object linking and embeding)对象类型字段存储 OLE 对象或其他二进制数据。本数据类型允许字段单独链接或嵌入 OLE 对象(如 Word 文档、Excel 电子表格、图片、声音或其他二进制数据)。OLE 对象支持.bmp、.gif 等多种图片格式的数据。但是，OLE 对象字段只支持 Windows 位图文件(.bmp 文件)在窗体和报表中的预览，其他文件在字段中显示为 Package(包)，在窗体、报表中只能作为图标显示。

9）附件类型

附件类型字段会将图片、图像、二进制文件和 Office 文件等整个文件嵌入数据库中，这是存储数字图像和任何类型的二进制文件的首选数据类型。使用附件将多个文件存储在单个字段中，甚至是多种类型的文件。压缩附件限制为 2 GB，而未压缩附件大约为 700 kB，具体取决于附件的可压缩程度。附件类型字段的列标题会显示曲别针图标，而不是字段名。

附件类型字段与 OLE 对象类型字段相比，有更大的灵活性，而且可以更高效地使用存储空间，这是因为附件类型字段不用创建原始文件的位图图像。例如，可以将学生的一份或多份代表作品附加到学生的每条记录中。

10）超链接类型

超链接类型字段是用于存储超链接地址的字段，以提供通过单击 URL(统一资源定位器)对网页进行访问或通过单击 UNC(通用命名约定)格式的名称对文件进行访问。超链接地址是指向 Access 对象、文档或 Web 页面等目标的一个路径。当用户单击超链接时，Web 浏览器或 Access 就使用该超链接地址跳转到指定的目的地或数据库中的对象。在超链接类型字段中直接输入文本或数字，Access 会把输入的内容作为超链接地址。一般格式为：DisplayText♯Adress，如：百度♯ https://www.baidu.com/。

超链接地址最多可包含如下 4 个部分。

（1）要显示的文本：出现在字段或控件中的文本，如百度许可证。

（2）地址：文件的路径(UNC 路径)或页面的路径(URL)，如 https://www.baidu.com/。

（3）子地址：文件或页面中的位置，如/licence。

（4）屏幕提示：显示为工具提示的文本，如打开百度许可证。

11）计算类型

该字段值是通过一个表达式计算得到的，使得必须通过查询得到的结果在数据表中就可以完成。例如，可以将学生总成绩设置为计算类型字段，其表达式可由平时成绩和考试成绩加权获得。

12）查阅向导

查阅向导实际上不是一个数据类型，而是用于启动查阅向导，创建一个使用列表框或组合框查阅另一个表、查询或值列表中的值。

3. 字段属性

字段属性是字段特征值的集合,合理的属性设置可以提高数据的完整性、准确性和安全性。字段属性分为普通属性和查阅属性两种,用来控制字段的操作方式和显示方式。普通属性包括字段大小、小数位数、显示格式、输入掩码等,随字段类型不同而异;而查阅属性提供了一系列的值,供输入数据时使用,可确保数据的一致性。另外,查阅字段提供的值列表中的值可以来自表或查询,也可以是固定值集合。详见"3.3 字段的属性设置"一节。

4. 表结构设计

在数据库管理系统中创建表之前,需要确定表的基本结构。依据 1.4.2 节中关系模式的建立,下文给出学生表、课程表和成绩表 3 个表的结构,如表 3-1~表 3-3 所示。

表 3-1　学生表

字段名	字段类型	字段长度	小数位	索 引
学号	短文本	10		有(无重复)
姓名	短文本	10		
性别	短文本	1		
出生日期	日期/时间			
年级	数字	整型		
籍贯	短文本	10		
是否为少数民族	是/否			
入学成绩	数字	长整型	自动	
简历	长文本			
主页	超链接			
吉祥物	OLE 对象			
代表作品	附件			
专业名	短文本			有(有重复)

表 3-2　课程表

字段名	字段类型	字段长度	小数位	索 引
课程编号	短文本	50		有(无重复)
课程名称	短文本	50		

续　表

字段名	字段类型	字段长度	小数位	索　引
学分	数字	整型		
学时	数字	整型		
是否必修	是/否			

表 3 - 3　成绩表

字段名	字段类型	字段长度	小数位	索　引
学号	短文本	255		有(有重复)
课程编号	短文本	255		有(有重复)
平时成绩	数字	长整型	自动	
考试成绩	数字	长整型	自动	
总评成绩	计算型	长整型	自动	

3.1.2　表的创建

1. 使用设计视图创建表

使用设计视图创建表的优势在于：直观显示表的基本结构，可以按照自己的需求来创建表，定义表的基本结构比较方便。

例 3 - 1　使用设计视图创建教师表，其关系模式为：教师表（教师编号，姓名，性别，出生日期，联系电话，电子邮件，家庭住址，工资，院系编号，职称）。

操作步骤如下。

（1）打开"学生选课数据库系统"。

（2）单击"创建"选项卡下"表格"组的"表设计"按钮，打开表设计视图窗口。

（3）在表设计视图窗口中，编辑字段名称、数据类型等内容，如图 3 - 1 所示。选中"教师编号"字段（单击"教师编号"字段对应的选定器），单击"工具"组中的"主键"按钮，即可将"教师编号"字段设置为主键。

（4）在快速访问工具栏中，单击"保存"按钮，打开"另存为"对话框，将表保存为"教师表"。

2. 使用数据表视图创建表

使用数据表视图创建表时，可在定义表结构的同时，完成数据的录入。

例 3-1 演示

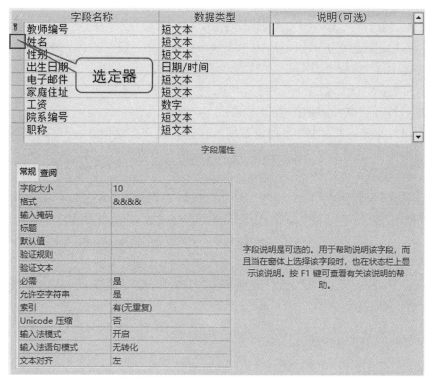

图 3-1　创建教师表的设计视图

例 3-2　使用数据表视图创建课程表,其关系模式为:课程表(课程编号,课程名称,学分,学时,是否必修)。

操作步骤如下。

(1)打开"学生选课数据库系统",单击"创建"选项卡下"表格"组的"表"按钮,打开数据表视图窗口,如图 3-2 所示。

例 3-2 演示

图 3-2　数据表视图窗口

(2)在数据表视图窗口中,单击"单击以添加"按钮,选择字段的数据类型为"文本",字段名称为"课程编号",输入数据值"001"。其中,数据值也可在建立表结构之后再输入。

(3)重复步骤(2),直至输入所有字段。可选中并删除"ID"字段。

(4)在快速访问工具栏中,单击"保存"按钮,打开"另存为"对话框,将表保存为"课程表"。

3. 通过数据导入创建表

通过数据导入创建表,可以在导入过程中设定表的基本结构,并完成数据的录入。

这种方式适合于已经存在数据表,只需将数据表导入即可。

例 3 - 3　通过导入 Excel 数据创建学生表,关系模式为:学生表(学号,姓名,性别,出生日期,年级,籍贯,是否为少数民族,入学成绩,简历,主页,吉祥物,代表作品,专业名)。

操作步骤如下(前提条件是已存在"学生"数据表)。

(1) 打开"学生选课数据库系统",单击"外部数据"选项卡下"导入并连接"组的"Excel"按钮,打开获取外部数据窗口,如图 2 - 6 所示。

(2) 在窗口中指定数据源,并指定数据的存储方式和存储位置。

(3) 依据向导,单击"下一步"按钮,直至完成所有步骤。

4. 其他方式

1) 使用表模板创建表

单击"创建"选项卡下的"应用程序部件"下拉按钮,从下拉列表中选择相应的表模板。

2) 使用字段模板创建表

在数据表视图中,单击"表字段"选项卡下"添加和删除"组中的"其他字段"按钮,会出现要建立的字段类型菜单。

3.2　创建表间关系

3.2.1　主键

1. 主键概述

主键是表中的一个字段或多个字段的集合,为 Access 2021 中的每行提供一个唯一的标识符。一个好的主键具有如下特征:首先,它能唯一标识每一行;其次,它从不为空值(Null),即它始终都包含一个值;再次,在理想情况下,主键的值几乎不改变。如果想不到可能成为优秀主键的一个字段或者字段集合,则可以使用某一数据类型为"自动编号"的字段,这样的标识符不包含任何真实信息,而仅用作表的主键。

在某些情况,用户可能想使用两个或多个字段一起作为表的主键。例如,用于存储学生课程成绩的成绩表,其主键使用"课程编号"和"学号"两个字段。当一个主键使用多个字段时,它又被称为复合键。

2. 设置主键

设置主键时,首先应该选中字段。在表的设计视图中每个字段名称左边的黑块是字段对应的选定器,单击选定器,可以选中对应的字段。在选定器上按住鼠标左键拖曳或者配合"Shift"键,可以完成多个连续字段的选择[①],也可以配合"Ctrl"键完成多个不连续

---

　　① 利用选定器,配合"Shift"键完成多个连续字段的选择分 3 步:一是在第一个字段的选定器上单击,选择第一个字段;二是找到最后一个字段对应的选定器;三是按下"Shift"键的同时,单击最后一个字段对应的选定器,完成多个连续字段的选择。

字段的选择①。

在表的设计视图下设定单字段主键时,只需将光标置于选定器上,当光标变为➡时,单击选中字段,然后通过快捷菜单中的相应命令或通过"设计"上下文选项卡下的"主键"按钮,完成设置;在表的设计视图下设定多字段主键时,依次选中多个字段,然后通过快捷菜单中的相应命令或通过"设计"上下文选项卡下的"主键"按钮,完成设置。

自我实践 1

以第 1 章"学生选课数据库系统"的设计为参考,参考上节例题完成成绩表、讲授表、教材表和专业表的创建,并设定各个表的主键。

3.2.2 索引

索引

索引可以帮助用户更快速地进行记录的查找和排序,系统根据用户创建索引的字段来存储记录的位置。当通过索引获得位置后,即可通过直接移到正确的位置来检索数据。用户可以根据一个字段或多个字段来创建索引。用于创建索引的字段是经常搜索的字段和进行排序的字段,以及多个表查询中连接其他表中字段的字段。但在用户添加或更新数据时,索引可能会降低性能。

单个字段索引属性的设置,可以通过单击表设计视图中需设定的字段,设置"字段属性"中"常规"选项卡下的"索引"属性完成;要为表创建多字段索引,应在"索引"设置对话框中完成。打开表的设计视图,单击"设计"上下文选项卡的"显示/隐藏"组中的"索引"按钮,打开"索引"设置对话框,如图 3-3 所示。

图 3-3 "索引"设置对话框

设置索引时,可以依据以下原则:一般根据字段的实际值来确定设置何种类型的索引,当字段的实际值有重复时,设置为"有(有重复)",当实际值无重复时,设置为"有(无重复)"。

---

① 利用选定器,配合"Ctrl"键完成多个不连续字段的选择分 2 步:一是在第一个字段的选定器上单击,选择第一个字段;二是按下"Ctrl"键的同时,单击其他字段对应的选定器,完成多个不连续字段的选择。

自我实践 2

以第 1 章"学生选课数据库系统"中 E-R 图的设计为参考,为了建立多个表之间的关系,需要设置表中外键的索引。请完成以下外键字段索引的设置:学生表中的专业名、成绩表中的学号和课程编号、教材表中的课程编号、讲授表中的教师编号和课程编号。

建立表间
关系

3.2.3 建立表间关系

在数据库中创建表后,需要建立表之间的关系。在创建表间关系时,不要求公共属性具有相同的名字,但需要有相同的数据类型以及相同的字段大小属性设置。创建表间关系之前,至少应在一个表(主表)中定义了一个主键(表中主键是由系统自动创建索引的),该主键与另一个表(子表或从表)的对应列(一般为外键)相关。创建表间关系时,应注意观察主表的主键字段和相关表的外键字段是否为相关字段(即公共属性)。

图 3-4 "添加表"窗格

创建表间关系的一般流程如下。

(1) 首先,打开"学生选课数据库系统",确认需建立关联的两个相关表的相关字段的数据类型相同。

(2) 其次,添加表或查询。在"数据库工具"选项卡的"关系"组中单击"关系"按钮。如果用户尚未定义过任何关系,则会自动显示"添加表"窗格,如图 3-4 所示。

(3) 最后,建立表间关系。将鼠标光标置于主表的主键字段上,按住鼠标左键并拖动至相关表的相关字段位置,释放左键后,打开"编辑关系"对话框(见图 3-5),进行关系编辑。

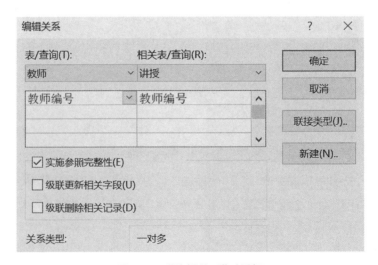

图 3-5 "编辑关系"对话框

创建一对一联系时,两个关联字段(即主表中的主键字段和从表中的外键字段)都必须具有唯一索引,即关联字段的"索引"属性均为"有(无重复)"。例如,图 3-6 中课程表和教材表之间是一对一联系。

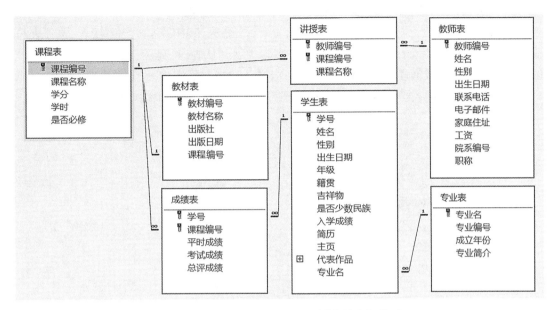

图 3-6 "学生选课数据库系统"中的表间关系

创建一对多联系时,在联系一侧的字段(通常为主键)必须具有唯一索引,这个字段的"索引"属性设置为"有(无重复)"。在联系多侧的字段不应具有唯一索引,它可以有索引,但必须允许重复,即这个字段的"索引"属性为"有(有重复)"或"无"。例如,图 3-6 中课程表和成绩表之间是一对多联系。

自我实践 3
参照"学生选课数据库系统"中 E-R 图和关系模式的设计,完成"学生选课数据库系统"中的表间关系的设置,如图 3-6 所示。

另外,实施参照完整性能够保证从表中的外键,要么与主表中的主键一致,要么为空。也就是说,从表中外键的值需要参考主表中主键的值,从而保证了主表和从表中数据的一致性。而级联更新保证了在更新主表中的主键值时,其相关联从表的外键值相应更新,但不允许直接更改从表相关字段的内容;级联删除保证了在主表的主键数据被删除时,其相关联从表的相关记录也被相应删除,但直接删除从表中的记录时,主表不受其影响。

3.2.4 主表和从表

当两个表之间创立了一对多联系时,这两个表之间就形成了一对多的关系,一方成为主表,多方成为从表。

在主表的数据表视图中,每条记录左侧都有一个关联标记。在未显示从表时,关联标记显示为一个"十"。单击关联标记,则变为"一",可以显示该记录对应的从表记录。如果再一次单击"一",就可以把这一格的从表记录折叠起来。

如果一个表与两个以上的表建立了主从关系,如图 3-6 中课程表与讲授表、课程表与成绩表之间分别建立了一对多联系。那么在主表中展开从表时,自然会出现展开哪个从表的问题。在主表的数据表视图中,打开"开始"选项卡内"记录"组中的"其他"下拉列表,选择"子数据表",弹出"插入子数据表"对话框,如图 3-7 所示,选择在主表中展开的从表。

图 3-7 "插入子数据表"对话框

3.3 字段的属性设置

在做本节"自我实践"环节的练习时,建议复制学生表,并以复制后得到的"学生表副本"作为本节练习的素材。一般来讲,在表的设计视图下设置字段属性,在表的数据表视图下查看数据的变化或者格式的变化。

3.3.1 字段大小

字段大小属性用于设置存储在字段中的短文本的最大长度或数值的取值范围。只有短文本类型和数字类型的字段有该属性。短文本类型的字段大小可以定义在 1~255 个字符之间,缺省值是 50 个字符;数字类型的字段大小可以定义为字节型、整型、长整型、单精度型、双精度型等。

自我实践 4

(1)在"学生表副本"的设计视图中,设置"学号"字段的字段大小为 10,"年级"字段的字段大小为整型。

(2)新添加记录,在"学号"字段中输入"xs2018090101",在"年级"字段中输入"5.4"和"5.5"测试,并查看结果。

3.3.2　小数位数

小数位数属性只有数字类型或货币类型的字段可以使用,可以设为 0～15 位,视其字段大小的属性值而定。当字段大小为字节型、整型或长整型时,小数位数只能是 0;当字段大小为单精度时,小数位数可以是 0～7;当字段大小为双精度时,小数位数可以是 0～15。

如果不对一个数字类型字段的格式属性进行设置,或者将此属性设置为"常规数字",则小数位数属性设置无效。

如果将一个数字类型字段的格式属性设置为货币、固定、欧元或标准格式之一,小数位数自动被设定为 2。如果将货币类型字段的格式属性设置为"常规数字",则小数位数以实际输入的位数为准,但最多保留 2 位小数。

3.3.3　格式

格式属性用于自定义文本类型、数字类型、日期/时间类型和是/否类型字段的输出(显示或打印)格式。它依据数据类型不同而有所不同,只影响数据的显示形式,而不会影响保存在表中的数据。

用户可以使用系统的预定义格式,也可以用格式符号来设定自定义格式,不同的数据类型使用不同的格式设置方法。

1. 文本类型的格式

文本类型(包括短文本和长文本)的格式为

〈格式符号〉;〈字符串〉

"格式符号"用来定义文本字段的格式,如表 3-4 所示。"字符串"用来定义字段是空字符串或空值时的字段格式。

表 3-4　文本类型自定义格式符号

格式符号	功　　能	格式符号	功　　能
@	要求文本字符(字符或空格)	>	使所有字母变为大写
&	不要求文本字符	!	实施左对齐,而不是右对齐
<	使所有字母变为小写		

自我实践 5

(1) 在"学生表副本"的设计视图中,设置"姓名"字段的格式字符串为"@@@@@",则"姓名"字段的字符数不足 5 个时将添加前导空格以便向右对齐。

(2) 在"学生表副本"的设计视图中,将">;为空"设置为"姓名"字段的格式字符串,并查看姓名为空时的显示结果。

2. 是/否类型的格式

在 Access 中,是/否类型字段的值保存的形式与预想的不同,"是"的值用－1 保存,"否"的值用 0 保存。如果没有格式设定,则必须输入－1 表示"是"值,输入 0 表示"否"值,而且以这种形式保存并显示。设定是/否类型字段的自定义格式为

〈字符串〉;〈真值〉;〈假值〉

第一个分号之前的字符串起到说明格式的作用,可以省略,或者直接删除第一个分号。

自我实践 6

在"学生表副本"中,设置"是否为少数民族"字段的格式为""汉族";"少数民族""。在数据表视图中,单击"筛选"按钮,可以发现真值为"汉族",假值为"少数民族"。

---

3. 日期/时间类型的格式

对于日期/时间类型字段,系统提供预定义和自定义两种格式。自定义格式符号如表 3－5 所示。

表 3－5　日期/时间类型自定义格式符号

格式符号	功　　能
:（冒号）	时间分隔符
/	日期分隔符
C	与常规日期的预定义格式相同
D 或 dd	一个月中的日期用 1 位或 2 位数表示(1～31 或 01～31)
ddd	英文星期名称的前三个字母(如 Sun、Mon)
dddd	英文星期名称的全称(如 Sunday、Monday)
ddddd	与短日期的预定义格式相同
dddddd	与长日期的预定义格式相同
W	一周中的日期(1～7)
Ww	一年中的周(1～53)
m 或 mm	一年中的月份,用 1 位或 2 位数表示(1～12 或 01～12)
mmm	英文月份名称的前三个字母(如 Jan、Feb)
mmmm	英文月份名称的全称(如 January、February)

续　表

格式符号	功　　能
q	一年中的季度(1～4)
y	一年中的日期数(1～366)
yy	年份的最后两位数(01～99)
yyyy	完整的年份(0100～9999)
h 或 hh	小时,用 1 位或 2 位数表示(0～23 或 00～23)
n 或 nn	分钟,用 1 位或 2 位数表示(0～59 或 00～59)
s 或 ss	秒,用 1 位或 2 位数表示(0～59 或 00～59)
ttttt	与长时间的预定义格式相同
AM/PM 或 am/pm 或 A/P 或 a/p	分别用相应的大写或小写字母表示上午、下午的 12 小时的时间

注意:(1)自定义格式根据 Windows"控制面板"中"区域设置属性"对话框所指定的设置来显示。与"区域设置属性"对话框中所指定的设置不一致的自定义格式将被忽略。

(2)如果将其他分隔符添加到自定义格式中,应将分隔符用双引号括起来。

自我实践 7

在"学生表副本"中,设置"出生日期"字段的输入格式为"mm/dd"。在数据表视图中,单击"出生日期"字段的值,可以查看完整值。

4.数字类型和货币类型的格式

数字类型和货币类型字段有 6 种预定义格式,其自定义格式为

〈正数格式〉;〈负数格式〉;〈零值格式〉;〈空值格式〉

在格式中共有 4 部分,每一部分都是可省略的,但分号不能省。未指明格式的部分将不会显示任何信息,或将第一部分(正数的格式)作为默认值。自定义格式符号如表 3-6 所示。

表 3-6　数字类型和货币类型自定义格式符号

格式符号	功　　能
.	小数分隔符,在 Windows"控制面板"中设置(英文句号)
,	千位分隔符(英文逗号)

格式符号	功　　能
0	数字占位符，显示一个数字或 0
#	数字占位符，显示一个数字或不显示
$	原样显示字符"$"
%	百分比，将数值乘以 100 再附加一个百分比符号"%"
E－或 e－	科学记数法，在负数指数后面加一个负号"－"，在正数指数后面不加符号。该符号必须与其他符号一起使用
E＋或 e＋	科学记数法，在负数指数后面加一个负号"－"，在正数指数后面加一个正号"＋"。该符号必须与其他符号一起使用

自我实践 8

（1）在"教师表副本"中，设置"工资"字段的输入格式为"#,###.00［红色］；［蓝色］#,###.00"，在数据表视图中，查看格式设置结果。

（2）在"教师表副本"中，设置"工资"字段的输入格式为"0000000"或"######"，在数据表视图中，查看格式设置结果。

3.3.4　标题

如果在输出（显示或打印）时，想用一个名称代替字段名称显示，则可以使用标题属性。那么，在数据表视图、窗体视图和报表视图中将显示标题，而不再是字段名。

自我实践 9

在"教师表副本"中，设置"联系电话"字段的标题为"TEL"，并在数据表视图中查看本字段的显示。或者，基于教师表自动创建窗体，查看"联系电话"字段的标题。

3.3.5　默认值

默认值属性用于指定一个数据，在新增加的记录中，该数据自动被输入字段中。默认值可以是一个常量，也可以是一个表达式。其最大长度是 255 个字符。

3.3.6　验证规则

验证规则属性用于限制输入字段中的数据，它允许设置的最大长度是 2 千个字符。

一般情况下,系统根据字段的数据类型自动检查数据的有效性。例如,当你向一个数字类型的字段中输入一个文本字符串时,系统自动检测出是非法的输入(虽然没设置验证规则)。使用验证规则会更详细、更具体地限制数据的输入。字段的验证规则举例如表 3－7 所示。

表 3－7　字段的验证规则举例

数据类型	表 达 式	功 能
数字类型和货币类型	<>0 或[年级] <> 0	"年级"字段中只允许输入非零的数值
	>=100 Or is Null	允许输入大于或等于 100 的数值及空值
	BETWEEN 0 AND 1	输入带百分号的值(用于将数值存储为百分数的字段)
时间/日期类型	>= ♯60/01/01♯ and <♯70/01/01♯	输入的日期必须是 20 世纪 60 年代的日期
	>= ♯01/01/2007♯ AND <♯01/01/2008♯	必须输入 2007 年的日期
	<Date()	输入的日期不能是将来的日期
文本类型	Like "p * "	输入的文本字符串必须以字母"P"开头
	StrComp(UCase([LastName]),[LastName],0)=0	LastName 字段的数据必须大写
	"男" Or "女"	输入男或女
	LIKE "[A－Z] * @[A－Z].com"	输入有效的电子邮件地址(.com)

注意:(1)如果为某个字段设置了验证规则,系统通常不允许在该字段中保存空值。如果要使用空值,则必须在验证规则中加入"is Null",并确定必填字段属性设置为"否"。

(2)"♯"是日期数据在验证规则表达式中的界限符。在验证规则表达式中,还可以使用如表 3－8 所示的通配符。

表 3－8　通配符

字符	说 明	示 例
*	匹配任意个数的字符	"wh * "将找到 what、white 和 why,但找不到 awhile 或 watch
?	匹配任何单个字符	"b?ll"可以找到 ball、bell 和 bill

续　表

字符	说　　明	示　　例
[ ]	匹配方括号中的任何单个字符	"b[ae]ll"将找到 ball 和 bell,但找不到 bill
!	匹配不在方括号之内的任何单个字符	"b[!ae]ll"将找到 bill 和 bull,但找不到 ball 或 bell;"Like "[!a] * ""将找到不以字母 a 开头的所有项目
-	匹配一个范围内的任意字符,以升序指定字符(A 到 Z,而不是 Z 到 A)	"b[a-c]d"将找到 bad、bbd 和 bcd
♯	匹配任意单个数字字符	"1♯3"将找到 103、113 和 123

如果对整个记录或多个字段实行规则限制,需要使用记录的验证规则。例如,输入订购日期之后 30 天内的交付日期,规则为"[交付日期]<=[订购日期]+30";输入不早于出生日期的入学日期,规则为"[入学日期]>=[出生日期]"。首先,打开表的数据表视图,在"表字段"选项卡"字段验证"组中,打开"验证"的下拉列表并选择"验证规则"命令(见图 3‑8);再打开"表达式生成器"对话框;最后,输入表达式并完成规则设置。

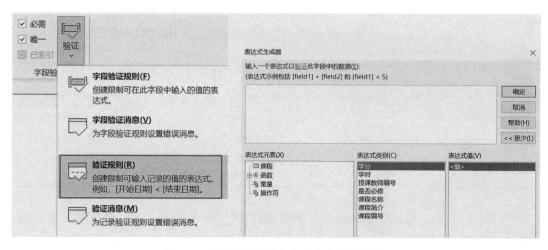

图 3‑8　验证规则及"表达式生成器"对话框

3.3.7　验证文本

验证文本属性用于在输入数据违反了验证规则时,显示提示信息。如果没有设置该属性,则显示系统给出的提示信息。它允许设置的提示信息的最大长度是 255 个字符。

3.3.8　必需

必需属性用于指定字段中是否必须输入数据,该属性共提供了两个预定义值:"是"表示此字段中必须输入数据,而且不允许是空值,它不能用于自动编号类型字段;"否"表示此字段中可以不输入数据,为默认值。

3.3.9　允许空字符串

允许空字符串属性用于指定空字符串("")是否为有效的值,用于文本类型、备注类型和超链接类型的表字段。允许空字符串属性提供了两个预定义值:"是"表示空字符串是有效的输入值;"否"表示空字符串是无效的输入值,为默认值。

在使某一个字段为空时,如果希望系统保存空字符串而不是空值,则应当将允许空字符串属性和必需字段属性都设为"是"。

允许空字符串属性和必需字段属性是相互独立的。必需字段属性只确定字段中空值是否有效。如果允许空字符串属性设为"是",则此字段的空字符串将有效,与必需字段属性的设置无关。

3.3.10　索引

索引可以加速对索引字段的查询,还能加速排序及分组操作,禁止重复数据(只允许唯一的值)。在表的字段属性设置中,索引属性提供了 3 项预定义值:"否"表示无索引,为默认值;"是(无重复)"表示此索引不允许有重复值;"是(有重复)"表示此索引允许字段有重复值。

单一字段的索引可以在表的设计视图中进行设置,设置字段的索引属性即可;如果要设置多字段索引,首先在表的设计视图中打开"索引"对话框,为多个字段编辑索引,但不能对长文本类型、超链接类型等的字段建立索引。

3.3.11　输入掩码

输入掩码(input mask)用于设置字段(在表和查询中)、文本框及组合框(在窗体中)中的数据格式,并可以对允许输入的数据类型进行控制。输入掩码的表达式主要由起分隔作用的原义字符(如空格、点、下划线、括号)、文本字符和特殊字符组成,特殊字符将决定输入的数字类型。输入掩码属性主要用于文本、日期/时间、数据和货币等类型字段。

输入掩码的格式为

〈输入掩码的格式符〉;〈0 或 1 或空白〉;〈任何字符〉

(1) 第一部分指定输入掩码本身。输入掩码的格式符如表 3-9 所示。

表 3-9　输入掩码的格式符

格式符	功　　能
0	数字(0～90)是必需的,不允许加号和减号
9	数字或空格,可选的,不允许加号和减号
#	数字或空格,可选的,在编辑模式下空格以空白显示,但在保存数据时空白将被删除

续　表

格式符	功　　　　能
L	字母(A~Z),必需的
?	字母(A~Z),可选的
A	字母或数字,必需的
a	字母或数字,可选的
&	任何字符或一个空格,必需的
C	任何字符或一个空格,可选的
.、,、;、：、-、/	小数点及千位占位符、日期与时间的分隔符。实际的分隔符将根据 Windows"控制面板"中"区域设置属性"对话框中的设置而定
<	将所有的字母变为小写
>	将所有的字母变为大写
!	使输入掩码从右到左显示,而不是从左到右显示。可以在输入掩码中的任何位置含有感叹号
\	使其后的字符以原义字符显示。例如,输入掩码为"\A",则只显示字母 A
密码	创建密码输入文本框,在密码框中输入的文字按原样保存,但显示为"＊"

　　(2) 第二部分可以用 0、1 或空白三者之一。其中,0 表示要将原义字符(如括号、减号等)与输入的数值一同保存;1 或空白表示不将原义字符与输入的数值一同保存。

　　(3) 第三部分指定了为空格显示的占位符号,这个空格是指在输入掩码时输入的空格,可以使用任何字符作为空格的占位符号。如果第三部分省略,则空格用下划线(_)作为其占位符。如果要显示空字符串,则需要将空格用双引号括起来。

　　输入掩码举例如表 3-10 所示。

表 3-10　输入掩码举例

输入掩码	提供此类型的值	说　　　　明
(000) 000 - 0000	(206) 555 - 0199	必须输入区号
(999) 000 - 0000!	( ) 555 - 0199	区号是可选的,感叹号使输入掩码从右到左填充
#999	—20 2000	任何正负数,不超过 4 个字符,不带千位分隔符或小数位
>L????L?000L0	GREENGR339M3 MAY R 452B7	大于号强制用户以大写形式输入所有字母。数据类型只能为文本类型或备注类型
00000 - 9999	98115 - 98115 - 3007	一个强制的邮政编码和一个可选的 4 位数字部分

续 表

输入掩码	提供此类型的值	说 明
>L<？？？？？？？？？？？	Maria Pierre	名字或姓氏中的第一个字母自动大写
ISBN 0 - &&&&& &&- 0	ISBN 1 - 515 - 507 - 7	第一位和最后一位之间字母和字符的任何组合
>LL00000 - 0000	DB51392 - 0493	强制字母和字符的组合,均采用大写形式

如果为一个字段既定义了格式属性,又定义了输入掩码属性,则格式属性在数据显示时优先于输入掩码属性。

输入掩码属性的设置方法有以下两种。

一是手工设置输入掩码,在字段的"输入掩码"属性输入框中直接输入定义式即可。

二是利用向导设置输入掩码,但该方法只适用于短文本或日期/时间类型的字段。首先,打开表的设计视图,选中字段;其次,在字段的"常规"属性选项卡的窗口下方,单击与"输入掩码"属性框相邻的 ⋯ 按钮,启动输入掩码向导;最后,用户选中输入掩码的类型。

3.3.12 查阅向导属性

查阅向导属性只对短文本、数字和是/否类型的字段有效。此属性为短文本和数字类型字段提供了 3 个预定义值:文本框(默认值)、列表框和组合框;为是/否类型字段也提供了 3 个预定义值:复选框(默认值)、文本框和组合框。

3.4 表及数据的操作

3.4.1 表的基本操作

表的基本操作包括表的外观定制、复制、删除、重命名,以及数据的导入和导出。表的外观定制和字段设置等可以在数据表视图下完成,表的字段设置和数据宏添加等可以在表的设计视图下完成。

表的外观定制允许用户对表的字体、字形、字号、字体颜色、背景色等进行设置。与字体相关的设置主要集中在"开始"选项卡的"文本格式"组中,如图 3-9 所示。

图 3-9 "文本格式"组

数据表格式的设置主要集中在通过对话框启动器按钮打开的"设置数据表格式"对话框中完成,如图 3 - 10 所示。

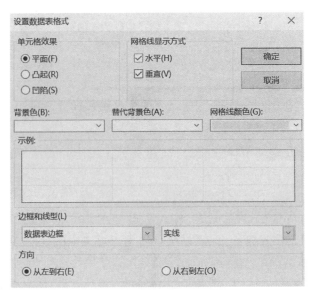

图 3 - 10 "设置数据表格式"对话框

数据表行高和列宽的设置主要集中在"开始"选项卡的"记录"组中,在"记录"组中单击"其他"下拉按钮,在弹出的下拉列表中对数据表的行高和列宽进行精确设置,如图 3 - 11 和图 3 - 12 所示。

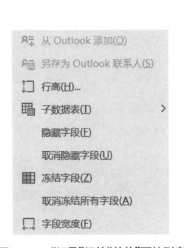

图 3 - 11 "记录"组   图 3 - 12 "记录"组的"其他"下拉列表   图 3 - 13 快捷菜单

表的复制、删除、重命名等操作是用户在创建表后会经常用到的操作,通常可以选中表并右击,通过如图 3-13 所示的快捷菜单来完成操作。

自我实践 10

以"学生表副本"表为例,实践表的复制、删除、重命名等操作。

(1)将"学生表副本.xlsx"导入"学生表副本"表中。

(2)将"学生表副本"表的内容(包括结构和数据)复制为"学生 1"表。

(3)将"学生 1"表重命名为"学生 2"表。

(4)将"学生 2"表导出到"学生 2.xlsx"表格中。

(5)将"学生 2"表从数据库中删除。

3.4.2 修改表结构

在表结构设计完成之后,由于应用的特殊性,往往需要对最初设计的表结构做出修改。修改表结构的操作有下面几种:修改表的名称、修改字段名、调整字段顺序、隐藏或取消隐藏字段、修改字段的类型、增加某列和删除某列等。在修改字段的类型时,如果修改的字段长度小于字段中已经输入的数据长度,则会造成数据的丢失。例如,将某一字段的数字格式从单精度型数据更改为整型数据,可能导致数据丢失。

3.4.3 表的数据操作

1. 表记录的输入

1)使用数据表视图输入数据

针对表中数据的操作都是在数据表视图中进行的。首先打开数据库,进入数据表视图,然后输入数据。在输入数据的过程中,可以借助方向键定位光标,或者借助"Enter"键和"Tab"键转至下一个字段。输入完一条记录后,按"Enter"键或"Tab"键转至下一条记录,继续输入第二条记录。

当向表中输入数据而未对其中的某些字段指定值时,该字段将出现空值。空值不同于空字符串和数字零,而是表示未输入、未知或不可用,需在以后添加的数据。例如,某个学生进校时尚未确定专业,故在输入该生的信息时,不能输入"专业名"字段的值,系统将用空值标示该生记录的"专业名"字段。

在数据表视图中,第一个字段列左边的小方块是记录选定器,用于选定该记录。通常在输入一条记录的同时,将自动添加一条新的记录,并且该记录的选定器上显示一个星号 * ;当前正在输入的记录选定器上显示铅笔符号 ;当鼠标指针指向记录选择器时显示向右箭头➡,此时单击将选定该记录,该记录成为当前记录。

2)特殊类型字段的输入

长文本类型数据量大,在输入时,可以使用"Shift" + "F2"组合键打开"缩放"窗口输入。该方法同样适用于文本、数字等类型数据。

OLE 对象类型数据插入时,右击需输入的单元格,在打开的快捷菜单中选择"插入对象"命令,在"Microsoft Access"对话框中,选择"由文件创建"单选按钮,然后浏览插入。

附件类型字段输入时,右击需输入的单元格,在弹出的快捷菜单中选择"管理附件"命令,弹出"附件"对话框,在该对话框中添加、编辑并管理附件。附件添加成功后,附件类型字段列中将显示附件的个数。

3) 利用查阅列表输入

使用字段的查阅向导属性,可以在字段中引用其他表或用户设置的数据。引用后,该表将与源表之间建立关系。同时在数据表视图中,该字段的当前记录右侧将出现一个下拉按钮,单击可打开一个下拉列表,从中可选择源表中该字段的记录。使用查阅向导属性可以显示两种列表:一是从已有的表或查询中查阅数据列表,表或查询的所有更新都将反映在列表中;二是存储了一组不可更改的固定值列表。

例 3 - 4 演示

例 3 - 4 在成绩表中,设置"学号"和"课程编号"两列为查阅字段列,数据分别来源于学生表中的"学号"字段和课程表中的"课程编号"字段。

操作步骤:

(1) 打开成绩表的设计视图。

(2) 选择"学号"字段,找到"字段属性"窗格下的"查阅"标签,做如下设置:显示控件为"组合框",行来源类型为"表/查询",行来源为"学生表"或"Select 学生.学号 From 学生;",绑定列为第一列(指定的值),列数为 2(列表框中显示的列数),保存设置。

(3) 选择"课程编号"字段,找到"字段属性"窗格下的"查阅"标签,做如下设置:显示控件为"列表框",行来源类型为"表/查询",行来源为"课程表"或"Select 课程.课程编号From 课程表;",绑定列为第一列(指定的值),列数为 1(列表框中显示的列数),保存设置。

(4) 打开成绩表的数据表视图,分别通过组合框和列表框体验"学号"和"课程编号"两个字段的输入过程。

例 3 - 5 演示

例 3 - 5 在教师表中,设置"职称"列为查阅字段列,数据来源于值列表"教授、副教授、讲师"。

操作步骤:

(1) 打开教师表的设计视图。

(2) 选择"职称"字段,选择数据类型为"查阅向导",打开查阅向导对话框,选择"自行键入所需的值",单击"下一步"按钮并逐行输入"教授、副教授、讲师"。在"字段属性"的"查阅"选项卡中以"行来源类型"为"值列表"的方式输入"行来源"时,需用";"隔开 3 个值。

自我实践 11

参照例 3 - 4 和例 3 - 5,完成如下表中外键的查阅属性设置:"学生表"中的"专业名"字段、"教材表"中的"课程编号"字段,以及"讲授表"中的"教师编号"字段和"课程编号"字段。

2. 表记录的操作

表记录的操作主要是数据的查找与替换、记录的定位、记录的排序和记录的筛选。当数据表的数据量很大时,需要在数据库中查找所需要的特定信息和替换某个数据,就可以使用查找和替换功能。数据的查找与替换是通过"开始"选项卡的"查找"组实现的。当然,也可以使用快捷键"Ctrl"＋"F"打开"查找和替换"对话框,进行设置。

记录的定位主要是通过操作"开始"选项卡的"查找"组中的"转至"下拉按钮实现的,当用户单击"转至"下拉按钮时,将打开如图 3-14 所示的下拉列表。

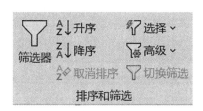

图 3-14　"转至"下拉列表　　　　图 3-15　"排序和筛选"组

记录的排序和筛选主要是通过操作"开始"选项卡的"排序和筛选"组实现的,如图 3-15 所示。用户也可单击字段右侧的下拉按钮,在其中选择升序或者降序操作。同样,单击字段右侧的下拉按钮,在其中选择筛选字段或设置筛选条件,完成数据的简单筛选操作。高级筛选项可以打开查询设计器依据条件进行筛选,或者使用"按窗体筛选"依据多个字段进行筛选。

练 习 题

一、选择题

1. 学生表中的学号、身份证号和电话号码设置为(　　)类型比较合适。

A. 货币　　　　　　　B. 短文本　　　　　　C. 附件　　　　　　D. 日期/时间

2. 输入掩码通过(　　)减少输入数据时的错误。

A. 限制可输入的字符数　　　　　　B. 仅接收某种类型的数据

C. 在每次输入时,自动填充某些数据　　D. 以上都是

3. 关系数据库中的表不必具有的性质是(　　)。

A. 数据项不可再分　　　　　　　　B. 同一列数据项要具有相同的数据类型

C. 记录的顺序可以任意排序　　　　D. 字段的顺序不能任意排序

4. 不能进行索引的数据类型是(　　)。

A. 附件　　　　　　　B. 数字　　　　　　　C. 字符　　　　　　D. 日期

5. 短文本和长文本类型的字段最多分别可容纳(　　)和 64 000 个中文字符。
A. 255　　　　　　　　B. 256　　　　　　　　C. 128　　　　　　　　D. 127

6. 掩码"####-######"对应的正确输入数据是(　　)。
A. abcd-123456　　　　　　　　　　　B. 0755-123456
C. ####-######　　　　　　　　　　　D. 0755-abcdef

7. (　　)类型可以用于为每个新记录自动生成数字。
A. 数字　　　　　　　B. 超链接　　　　　　C. 自动编号　　　　D. OLE 对象

8. 掩码"LLL000"对应的正确输入数据是(　　)。
A. 555555　　　　　　B. aaa555　　　　　　C. 555aaa　　　　　　D. aaaaaa

9. 使用表设计器来定义表的字段时,可以不设置(　　)的内容。
A. 字段名称　　　　B. 数据类型　　　　C. 说明　　　　　　　D. 字段属性

二、填空题

1. 完整的表包含＿＿＿＿和＿＿＿＿,表结构由＿＿＿＿、＿＿＿＿和＿＿＿＿组成,表内容由＿＿＿＿组成。

2. "教工编号""院系编号"等字段应该被设置为＿＿＿＿型数据类型。

3. 字段"邮箱"的验证规则为"LIKE"[AB]*@[A-Z].com"",可以解释为＿＿＿＿＿＿＿＿＿＿。

4. 字段"爱好"的验证规则为"LIKE"*台球*"",可以解释为＿＿＿＿＿＿＿＿＿＿＿＿＿。

5. 允许"性别"字段中输入"男"或"女",验证规则为＿＿＿＿＿＿＿＿＿。

6. 允许"出生日期"字段中输入 2007 年之前的日期,验证规则为＿＿＿＿＿＿＿＿＿＿＿。

7. 关系型数据库系统支持的表间关系是＿＿＿＿和＿＿＿＿。

8. 建立表间关系的前提是相关字段在主表中建立了＿＿＿＿,相关字段在从表中建立了＿＿＿＿。

9. 实施参照完整性的作用是＿＿＿＿。

三、简答题

1. 建立数据库表有哪几种方法? 它们有什么不同?

2. 什么是表的主键? 设置主键的规则是什么?

3. 添加掩码的作用是什么? 应如何操作?

4. 验证规则是什么? 如何建立记录的验证规则和字段的验证规则?

5. 常见的表间关系有哪几种? 请说明建立关系的作用。

6. 简述字段的查阅属性的特征及用途。

第 4 章

查　询

本章包括查询概述、使用查询向导或设计视图创建查询，以及查询的种类，并按类别针对选择查询、交叉表查询、参数查询和操作查询进行讲述。通过本章的学习，学习者需要掌握查询的基本概念、查询的功能及分类、各类查询的设计方法、查询规则的设置等内容。另外，当我们需要批量处理表中的数据时，学习者应具有操作查询的思维。

4.1　查询概述

所谓查询，是指在设定或不设定条件的前提下，从数据源（表或查询）中获取满足要求的记录，并保存查询设计的过程。Access 将用户建立的查询条件作为查询对象保存下来，而查询结果是一种临时表，又称为动态数据集。查询的数据来源是表或者已有的查询，每次使用查询时都是动态地创建数据集合。一方面节省存储空间，另一方面可以保持查询结果与数据源同步。

使用查询可以按照不同的方式查看、更改和分析数据，也可以使用查询作为窗体、报表的记录源。利用查询可以做如下多种工作。

（1）通过指定条件，限制在查询结果中的记录或限制包含在计算中的记录。

（2）通过指定计算表达式，为查询添加新的计算字段。

（3）对查询的结果进行排序。

（4）可以作为窗体和报表的记录源。

（5）表和查询是查询的数据源，也就是说还可以对查询的结果再做查询。

（6）可以修改、更新、删除、追加表中的数据。

4.1.1　查询分类

在 Microsoft Access 中可创建的查询类型有选择查询、交叉表查询、参数查询、操作查询（生成表查询、删除查询、更新查询、追加查询）、SQL 查询（联合查询、传递查询、数据定义查询、子查询等），最常见的查询类型是选择查询。

1. 选择查询

选择查询是最常见的查询类型，它从一个或多个表中检索数据，并且在可以更新记录（带有一些限制条件）的表中显示结果。也可以使用选择查询来对记录进行分组，并且对记录作总计、计数、求平均值以及其他类型的汇总计算,还可以按照需要的次序显示数据。

2. 交叉表查询

交叉表查询显示来源于某一个表中某个字段的总结值(求和、计数及平均),并将它们分组,一组列在表的左侧为行标题,一组列在表的上部为列标题。

3. 参数查询

参数查询是一种交互式查询,执行时显示对话框以提示用户输入查询数据,然后根据所输入的数据来检索记录。另外,也可以设计此查询来提示更多的内容。例如,可以设计查询提示输入两个日期,然后检索在这两个日期之间的所有记录。

将参数查询作为窗体和报表的数据源,可以方便地显示和打印所需要的信息。例如,可以以参数查询为基础来创建某个专业的成绩统计报表,打印报表时,Access 弹出对话框询问报表所需要显示的专业,在输入专业后,仅打印该专业的成绩报表。

4. 操作查询

操作查询是仅在一个操作中更改许多记录的查询,共有 4 种类型:删除、更新、追加和生成表。

(1) 删除查询:从一个或多个表中删除一组记录。例如,可以使用删除查询来删除不连续或没有订单的产品,使用删除查询将删除整个记录,而不只是记录中所选择的字段。

(2) 更新查询:对一个或多个表中的一组记录进行全局的更改。例如,将所有学生的入学成绩提高 10%,使用更新查询可以批量更改表中数据。

(3) 追加查询:从一个或多个表将一组记录追加到一个表的尾部。例如,假设获得了一些新学生姓名及其相关信息表的数据库,为了避免键入所有这些内容,最好将它追加到学生表中。

(4) 生成表查询:生成表查询利用一个或多个表中的全部或部分数据新建表。生成表查询可应用于创建表的备份副本、包含旧记录的历史表。另外,生成表查询可以提高基于表、查询或 SQL 语句的窗体和报表的性能。

例如,假设要打印多个报表且这些报表基于 5 个包含总和的查询,可以通过下面的方法来加快速度:首先创建一个生成表查询,检索所需要的记录并且将它们保存在表中;然后,可以将报表基于这个表或在 SQL 语句中指定表作为窗体、报表或数据访问页的记录源,这样无须重新运行每一个报表的查询。但是,在运行生成表查询时表中的数据处于冻结状态。

5. SQL 查询

SQL(structured query language,结构化查询语言)查询是使用 SQL 语句创建的查询,SQL 查询支持一些特殊的联合查询、传递查询、数据定义查询和子查询。

(1) 联合查询:将来自一个或多个表或查询的字段(列)组合为查询结果中的一个字段(列)。

(2) 传递查询:使用服务器能接收的命令直接将命令发送到 ODBC(开放数据库连接),如 Microsoft FoxPro。例如,可以使用传递查询来检索记录或更改数据。

（3）数据定义查询：这种类型的查询用于创建、删除、更改表，或创建数据库中的索引，如 Microsoft Access 或 Microsoft FoxPro 表。

（4）子查询：这种类型的查询包含另一个选择查询或操作查询中的 SQL SELECT 语句，可以在查询设计网格的"字段"单元格输入这些语句来定义新字段，或在"条件"单元格中定义字段的条件。

4.1.2　查询视图

查询包含 3 种视图：设计视图、数据表视图和 SQL 视图，可以在任何时候进入查询的数据表视图查看查询结果，可以进入查询的设计视图修改所设计的查询形式，或者进入 SQL 视图直接修改用于查询的结构化查询语句。可通过单击功能区的"视图"按钮，在查询的 3 种视图之间进行切换，也可以在状态栏的右端进行切换。

4.2　使用查询向导创建查询

在 Access 2021 中，可以通过查询向导来创建查询，也可以通过查询的设计视图来创建查询。使用查询向导可以创建简单的选择查询、交叉表查询，可以在表中查找重复的记录或字段值，以及查找表之间不匹配的记录。

4.2.1　简单查询向导

通过 Access 2021 提供的"简单查询向导"，可快速创建一个简单而实用的查询，并且可以在一个或多个表或查询中指定检索的字段。如果需要，也可以对记录组或全部记录作总计、计数、平均值计算，以及计算字段中的最小值或最大值，但不能通过设置条件限制检索的记录。简单查询向导的步骤如下。

（1）打开数据库窗口，单击"创建"选项卡下"查询"组中的"查询向导"按钮，出现如图 4-1 所示的对话框。

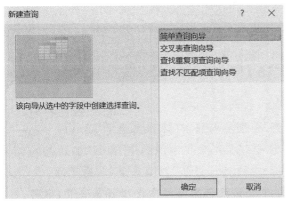

图 4-1　"新建查询"对话框　　　　图 4-2　简单查询向导

（2）在"新建查询"对话框的列表框中,选择"简单查询向导",然后单击"确定"按钮。进入"简单查询向导"后,从如图 4-2 所示的"表/查询"下拉列表框中选择要查询的表。

（3）从"可用字段"列表框中选定要查询的字段,然后通过"添加"按钮,将它们依次移入"选定字段"列表框中。如果需要,可在"表/查询"下拉列表框中选择别的表或者已经存在的查询,然后从中选择要查询的字段,直到"选定字段"列表框中列出了所有要查询的字段,如图 4-3 所示。

图 4-3　选一字段

图 4-4　确定明细查询或汇总查询

（4）单击"下一步"按钮,出现如图 4-4 所示的对话框。在"简单查询向导"的这一步操作对话框中,默认设置为选中"明细(显示每个记录的每个字段)"单选按钮。为了能自动统计查询中的最大值、最小值、平均值等数据,就需要选中"汇总"单选按钮。

（5）选中"汇总"单选按钮,然后单击"汇总选项"按钮,屏幕上将显示如图 4-5 所示的"汇总选项"对话框。为某一字段设置好统计内容后,单击"确定"按钮将返回"简单查询向导",按照对话框中的指示,即可完成余下的操作。

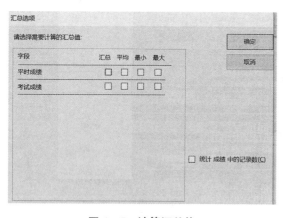

图 4-5　计算汇总值

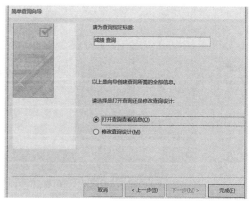

图 4-6　指定查询标题

（6）在"汇总选项"对话框中,Access 2021 会列出所有可以进行数字统计的字段,如图 4-5 就列出了"平时成绩"和"考试成绩"这两个数字型字段,并为它们提供了一些复选框,用于统计计算。

（7）在该向导的最后一步操作对话框中,可以指定查询标题,还可以选择执行查询或在设计视图中查看查询结果。如果生成的查询不完全符合要求,可以重新进入该向导或在设计视图中进行修改,如图 4-6 所示。

（8）完成"简单查询向导"中的操作后,屏幕上将显示查询的结果。

上述操作说明了建立简单查询的方法,一旦建立好了查询,那么就可以在任何时候通过数据库窗口按最新记录的数据来显示各字段中的内容。若要删除查询,只需要在查询列表中右击该查询,然后从快捷菜单中选择删除命令即可。

例 4-1 利用"简单查询向导"查询各门课程的课程名称和考试成绩的平均值。

例 4-1 演示

操作步骤:

（1）打开数据库窗口,单击"创建"选项卡下"查询"组中的"查询向导"按钮,出现如图 4-1 所示的对话框,从中选择"简单查询向导",单击"确定"按钮。

（2）从"表/查询"下拉列表框中选择要查询的"课程表",从"可用字段"列表框中选定要查询的字段"课程名称"。从"表/查询"下拉列表框中选择要查询的"成绩表",从"可用字段"列表框中选定要查询的字段"考试成绩"。单击"下一步"按钮。

（3）选中"汇总"单选按钮,然后单击"汇总选项"按钮,出现如图 4-5 所示画面,选中"考试成绩"字段的"平均"复选框。

（4）单击"确定"按钮,指定查询标题,然后单击"完成"按钮,出现如图 4-7 所示的查询结果。

图 4-7 课程名称及平均成绩查询结果

4.2.2 交叉表查询向导

交叉表查询显示来源于表中某个字段的总计值、求和值和平均值等,并将它们分组放置在查询表中,一组列在表的左侧,一组列在表的上部。可按下列步骤创建一个交叉表查询。

（1）打开数据库窗口,单击"创建"选项卡下"查询"组中的"查询向导"按钮,出现如图 4-1 所示的对话框。选定"交叉表查询向导",接着单击"确定"按钮。

（2）在"交叉表查询向导"中选择要查询的表,单击"下一步"按钮后,从"可用字段"列表框中选定作为交叉表行标题的字段。一旦完成了上述操作,所选定的字段就会出现在下方的交叉表预览窗中。Access 2021 将自动分配一个编号,由此所选定的字段将显示在交叉表的左侧,如图 4-8 所示。

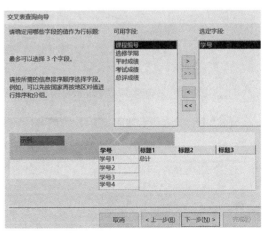

图 4-8 交叉表查询向导

（3）单击"下一步"按钮后，从列表框中选择字段，作为交叉表的列标题。一旦选定了字段，"交叉表查询向导"下半部的交叉表预览窗就会显示它，而且也会自动分配一个编号。

（4）单击"下一步"按钮后，从"字段"列表框中选择交叉表中交叉单元格所要显示的字段，然后还可在"字段"列表框右侧的"函数"列表框中选择计算方式。

例 4-2 演示

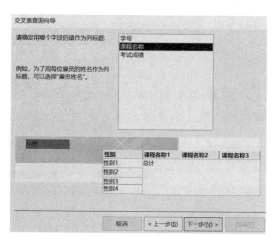

图 4-9　学生信息查询 1

（5）在最后一个对话框中，可以选择执行查询或在设计视图中查看查询的设计。

例 4-2　首先创建查询，利用"简单查询向导"查询学生的学号、性别、课程名称和考试成绩，并将此查询保存为"学生信息查询 1"，查询结果如图 4-9 所示。以查询"学生信息查询 1"作为交叉表查询的数据源，查询男女生各门课程的平均成绩。

操作步骤：

（1）已经创建了名称为"学生信息查询 1"的查询。

（2）在"交叉表查询向导"中，选择要查询的表或查询。本例中应选择"查询"，在查询列表中选择"学生信息查询 1"。

（3）从"可用字段"列表框中，选定作为交叉表的行标题的字段为"性别"，选定作为交叉表的列标题的字段为"课程名称"，如图 4-10 所示。单击"下一步"按钮。

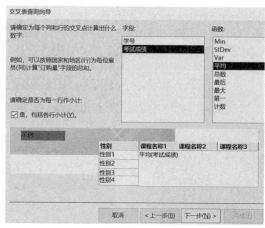

图 4-10　交叉表查询向导中行、列的选择　　　　图 4-11　交叉表查询向导中计算方式的选择

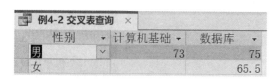

图 4-12　交叉表查询结果

（4）从"字段"列表框中，选择交叉表中交叉单元格所要显示的"考试成绩"字段，然后在"字段"列表框右侧的"函数"列表框中选择"平均"计算方式，如图 4-11 所示。

（5）按向导提示完成后，显示如图 4-12

所示的查询结果。

4.2.3 查找重复项查询向导

使用"查找重复项查询向导"在表或查询中查找重复的记录或字段值,可以根据查找重复项查询的结果确定在表或查询中是否有重复的记录,或确定记录在表或查询中是否共享相同的值。

例 4-3 查找"成绩表"中有重复值的"课程编号"。

操作步骤:

(1)打开数据库窗口,单击"创建"选项卡下"查询"组中的"查询向导"按钮,选定"查找重复项查询向导",单击"确定"按钮。

例 4-3 演示

(2)选择"成绩表"中可能包含重复信息的"课程编号"字段,如图 4-13 所示。

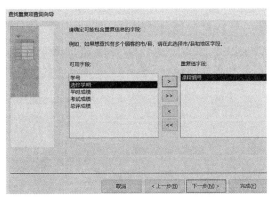

图 4-13 选择可能包含重复信息的字段

图 4-14 选择其他字段

(3)除上述包含重复信息的字段外,选择其他需要显示的查询字段"学号",如图 4-14 所示。

(4)按照向导提示完成查询,显示结果如图 4-15 所示。

图 4-15 查找重复项查询结果

4.2.4 查找不匹配项查询向导

使用"查找不匹配项查询向导"可以查找某表中特定的记录,这些特定的记录在另外一个表中未出现。因此,查找不匹配项查询至少关联两个表,即查找一个表中未与另外一个表中记录匹配的记录。例如,可以查找没有选课的学生,即"学生表"中的记录在"成绩表"中没有匹配项。

例 4-4 对照"成绩表",查找"学生表"中没有选课的学生。

操作步骤:

(1)打开数据库窗口,单击"创建"选项卡下"查询"组中的"查询向导"按钮,选定"查找不匹配项查询向导",单击"确定"按钮。

例 4-4 演示

（2）在"查找不匹配项查询向导"中选择要查询的学生表，如图 4-16 所示。

图 4-16 选择要查询的表

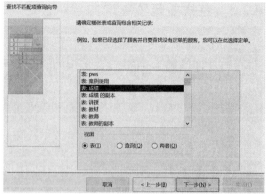

图 4-17 选择不匹配的相关表

（3）然后选择不匹配的相关表——成绩表，如图 4-17 所示。

（4）确定两张表中相匹配的字段，一般是两张表中建立关联的相关字段。本例选择"学号"，如图 4-18 所示。

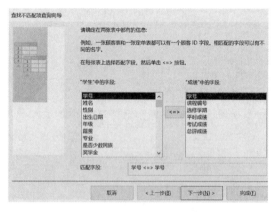

图 4-18 找到两个表中的匹配字段

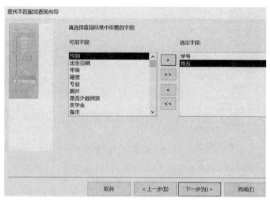

图 4-19 选择其他字段

（5）选择查询结果中所需的字段，如图 4-19 所示。

（6）按照向导提示完成查询，显示结果如图 4-20 所示。

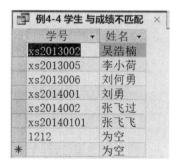

图 4-20 查找不匹配项查找结果

4.3 使用设计视图创建查询

利用设计视图创建一个查询的方法是：打开数据库，单击"创建"选项卡下"查询"组中的"查询设计"按钮，出现如图 4-21 所示的设计视图工作界面。查询设计视图窗口由上下两部分组成，上部为"字段列表区"，显示所选表的所有字段，也可以称为数据源区；下部为"设计网格区"，其每一列都对应查询动态集中的一个字段，每一行对应字段的属性或为字段设置的条件表达式，设计网格区每个字段上方的黑色条框是列选定器。

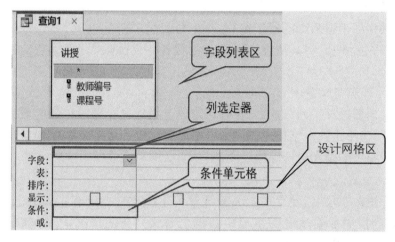

图 4-21　查询设计视图工作界面

4.3.1　设计视图中的基本操作

1. 添加表或查询

（1）添加表或查询的操作方法。打开查询的设计视图，在功能区中单击"添加表"按钮，在添加表窗格中单击要添加到查询的对象名。如果要同时选定多个对象，在单击每个对象名时按住 Ctrl 键，单击"添加"按钮，然后单击"关闭"按钮。从数据库的导航窗格中，将表或查询名拖曳到查询设计视图的上部，也可以将表或查询添加到查询中。

（2）将多个表或查询添加到查询中时，必须确定多个表已关联在一起，这样 Access 才知道如何连接彼此之间的信息。如果事先已经在关系窗口中建立了表之间的关系，在查询中添加相关表时 Access 将自动在设计视图中显示连接线。如果实施了参照完整性，Access还将在连接线上显示"1"和"∞"（无穷大符号），以指示一对多关系中的一方和多方。

即使没有创建关系，如果添加到查询中的两个表都具有相同数据类型或兼容数据类型的字段，并且这两个连接字段中有一个是主键，Access 将自动地为其建立连接。此时，不显示一方和多方符号，因为还没有实施参照完整性。

有时候添加到查询中的表不包含任何可连接的字段，这时，必须添加一个或多个其他的表或查询,以作为将使用的表之间的桥梁。例如,将"学生表"和"课程表"添加到查询中,由于它们之间没有任何字段可以连接,将不会有连接线。但是,"成绩表"与这两个表都相关,因此可以在查询中包含"成绩表"作为另两个表之间的桥梁。

2. 删除表或查询

在查询设计视图的上部,单击要删除的表或查询的字段列表,从而选定表或查询,然后按"Delete"键。

3. 添加字段

从字段列表中选定一个或多个字段,并将其拖动到查询设计视图下部的设计网格区中或直接双击要添加的字段;或者直接在设计网格区的下拉列表中选择。

4. 删除字段

在设计网格区单击列选定器选定相应的字段,然后按"Delete"键。将一个字段从设计网格区中删除后,只是将其从查询或筛选的设计中删除,并没有从基础表中删除字段及其数据。

5. 移动字段和插入字段

单击列选定器选择一列,也可以在列选定器上拖动鼠标选定相邻的数列。选定要移动的字段后,再次单击选定字段中任何一个选定器,然后将字段拖曳到新位置。从字段列表中将字段拖曳到要在设计网格区中插入的列,即可完成插入字段操作。

6. 在查询中更改字段名

在查询中更改字段名,使得在定义新计算的字段或进行已有字段的总和、计数和其他类型的运算时,更准确地说明字段中数据的意义。在此情况下除非输入名字,否则Access 将赋予如"表达式 1"这样的名称。

(1) 在查询中重命名字段。将插入点放在设计网格区中的字段行,在冒号之前输入新名称,此操作替换的只是名称,冒号后的表达式并不更改。

(2) 在查询中更改字段的标题。在设计网格区中,单击要更改标题的字段列中的任何位置,然后单击功能区中的"属性表"按钮,在标题属性框下输入新的字段标题。

7. 在设计网格区中更改列宽

在查询设计视图中,将指针移到要更改列的列选定器的右边框,直到指针变为水平双向箭头,按住鼠标左键,将边框向左拖曳使列变窄,或向右拖曳使列变宽(或双击将其调整为设计网格区中可见输入项的最大宽度)。

8. 在设计网格区中使用星号(*)

在查询中选定星号可以选定全部字段,使用了星号后,查询结果将自动包含创建查询后添加到基础表或基础查询的字段,并自动移去被删除的字段。使用星号还必须注意以下问题。

(1) 使用星号后,不能对记录进行排序或指定字段的条件。

(2) 如果在字段行中输入星号而不是拖曳它,还必须输入表名称,形如"表名. * "。

9. 在查询中对字段排序

在要排序的每个字段的"排序"单元格中,单击"升序"或"降序"的选项。在对多个字段排序时,首先在设计网格区上设置要执行排序时的字段顺序,Access 首先排序最左边字段,然后排序右边的下一个字段,依此类推。

10. 在查询中使用空字段

如果用查询来搜索空值或空字符串,可在设计网格区的"条件"单元格中输入"Is Null"来搜索空值,或在"条件"单元格中输入双引号("")来搜索空字符串(不要在双引号之间输入空格)。

对包含空值和空字符串的字段进行排序,如果按升序排列字段,字段中包含空值的记录将列于第一位;如果字段中同时包含空值和空字符串,则在排序中空值排在第一位,然后紧接着是空字符串。

11. 设置避免查询中出现重复记录

在查询设计视图中,单击设计网格区及字段列表区之外的任何地方,以选定查询。单击功能区中的"属性"按钮,显示查询的属性表,将"唯一值"属性设置为"是"。

12. 显示符合特殊条件的记录

在查询结果中,查询可以在指定的字段中显示符合上限值或下限值条件的记录,或者符合上限值的前百分之几或下限值的后百分之几的记录。

(1) 在设计网格区中,添加在查询结果中要显示的字段。

(2) 在要显示最大值字段的"排序"单元格中,单击降序以显示上限值,或者升序以显示下限值。如果在查询的设计网格区中,还要对其他的字段进行排序,这些字段必须在上限值字段的右边。

(3) 单击"属性表"窗格的"上限值"框。

(4) 输入在查询结果中显示的上限值或下限值的数目或百分比。如果要显示百分比应在数字后输入百分号(%)。

(5) 单击"结果"组的"视图"或"运行"按钮,查看查询结果。

13. 运行查询

在设计视图中打开相应的查询,如果要预览查询后的结果,单击"数据表视图"按钮,检查这些记录。如果要返回到查询设计视图,需单击"设计视图"按钮。在设计视图中,更改查询设计。如果要执行这个查询,单击"!"运行按钮。

4.3.2　查询中使用的条件

条件是查询或高级筛选中用来识别所需的特定记录的限制条件。如果在设计网格区中指定字段的条件,可在该字段的"条件"单元格中直接输入相应的表达式,或者通过使用表达式生成器来输入条件表达式。在"条件"单元格中右击,然后在快捷菜单中选择"生成器"命令,即可显示表达式生成器。也可以通过在功能区的"查询设置"组中,单击"生成器"按钮打开表达式生成器。

1. 逻辑运算符

可以为相同字段或不同字段输入附加条件,在多个"条件"单元格中输入表达式时,Access 将使用逻辑运算符进行组合。逻辑运算符如表 4-1 所示。

表 4-1　逻辑运算符

逻辑运算符	含　义
Not	非——检索不满足指定条件的记录
And	与——检索满足 And 前后两个条件的记录
Or	或——检索满足 Or 前后任意一个条件的记录

　　如果表达式是在设计网格区的同一行的不同单元格中,Access 将使用 And 运算符,表示将返回匹配所有单元格中条件的记录。如果表达式是在设计网格区的不同行中,Access 将使用 Or 运算符,表示将返回匹配任何一个单元格中的条件的记录。Not 运算符用条件来检索指定值范围以外的记录。例如,在"课程编号"字段的"条件"单元格中输入"Not "kc0002"",查找课程编号不是 kc0002 的课程。

例 4-5 演示

　　例 4-5　检索"学生表"中性别不为"女"的记录,并显示"学号""姓名"和"专业名"3 个字段。

　　操作要点:

　　在设计视图的设计网格区中,在对应"性别"字段的"条件"单元格中输入"Not '女'",或"[性别] Not '女'",查找性别不为"女"的学生。最后,确认取消"性别"字段的显示。

例 4-6 演示

　　例 4-6　检索男生入学成绩大于 450 分的记录,显示"学号""姓名"和"入学成绩"3 个字段。

　　操作要点:

　　本题目的条件包含"性别= '男'"和"入学成绩>450"两个。这两个条件要同时满足,所以在设计网格区中应将条件表达式分别放在"性别"和"入学成绩"两个字段对应的"条件"单元格中,且放在同一行。

　　2. 比较运算符

　　常用的比较运算符如表 4-2 所示。

表 4-2　比较运算符

比较运算符	含　义	比较运算符	含　义
>	大于	>=	大于或等于
<	小于	<=	小于或等于
=	等于	<>	不等于

　　例 4-7　检索总评成绩大于等于 90 分或者小于等于 60 分的记录,显示"学号""姓

名"和"总评成绩"3 个字段。

操作要点：

依据查询需要涉及的字段可知，数据源为"学生表"和"成绩表"。检索成绩大于等于
90 分或者小于等于 60 分的记录，包含"总评成绩＞＝90"和"总评成绩＜＝60"两个条件。
这两个条件只需满足一个。所以，对应"总评成绩"字段的列表，应将两个条件表达式放
在不同行的单元格中。或者，将两个条件用"Or"连接，放在同一个"条件"单元格中。

思考：如果将题目改为"检索性别为男且总评成绩大于等于 90 分，或者总评成绩小
于等于 60 分的记录"，该如何输入条件呢？

3. 特殊运算符

常用的特殊运算符如表 4-3 所示。

表 4-3 特殊运算符

特殊运算符	含 义
Between … And …	介于……之间
In	指定一个值列表，包括值列表中的一个值
Is Null	判断一个值是否为空值
Like	专门用在文本数据类型中，与通配符配合使用，搜索部分或完全匹配的内容

例 4-8 分析表 4-4 中"出生日期""课程编号""姓名"和"专业"字段对应表达式的意义。

表 4-4 特殊运算符举例

字 段	表 达 式	意 义
出生日期	Between ♯1990-01-01♯ And Date()	出生日期为从 1984 年 1 月 1 日至今
课程编号	In("01","02","03")，也可以输入"01" Or "02" Or "03"	所有选修 01、02 或 03 课程的学生
姓 名	Like "张 * "	姓"张"的学生的记录
专 业	Is Null	"没有"专业的学生
	Is Not Null	"有"专业的学生

4. 通配符的使用

通配符是专门用在文本数据类型中的，当仅知道要查找的部分内容，或者要查找以
指定的字母开头的或符合某种样式的指定内容时，则可以使用通配符作为其他字符的占
位符。对于 Microsoft Access 数据库，在查询命令和表达式中可以使用通配符查找，如字

段记录或文件名等内容。

例 4 - 9 分析表 4 - 5 中"姓名"和"个人爱好"两个字段的表达式的意义。

表 4 - 5 通配符使用举例

字 段	表 达 式	显 示
姓 名	Like "王??"	以"王"开头的三个字符的姓名
	Like "﹡伟"	以"伟"结尾的姓名
	Like "[A-D]﹡"	以英文字母 A～D 开头的姓名
个人爱好	Not Like "﹡篮球﹡"	个人爱好中不包含篮球

5. 文本函数的使用

文本函数主要用于处理和操纵文本数据，如提取文本片段、改变文本格式、连接多个文本字符串等。可以在"条件"单元格的表达式中使用 Left、Right 或 Mid 等文本函数。

例 4 - 10 分析表 4 - 6 中"籍贯"和"学号"两个字段的表达式的意义。

表 4 - 6 文本函数举例

字 段	表 达 式	说 明
籍 贯	"北京"	显示籍贯为北京的学生
	>="河南"	显示籍贯的拼音以字母 H～Z 开头的学生
学 号	Right([学号],2)="99"	使用 Right 函数显示学号值结尾为 99
	Mid([学号],3,3)=010	学号从第三个数字开始为 010
	Len([学号])<>10	学号长度不为 10

6. 日期函数的使用

日期函数用于执行各种与日期相关的计算，包括 Date、Year、Month、Now、DatePart 等，可以完成如计算两个日期之间的天数、获取当前日期等操作。

例 4 - 11 分析表 4 - 7 中"销售日期"字段的表达式的意义。

表 4 - 7 日期函数应用举例

表 达 式	说 明
[销售日期]< Date()- 30	显示 30 天之前的销售情况
Year([销售日期])=2001	显示 2001 年的销售情况

续 表

表 达 式	说 明
DatePart("q",［销售日期］)＝4	显示第四季度的销售情况
DatePart("m",［销售日期］)＝1	显示 1 月份的销售情况
DatePart("yyyy",［销售日期］)＝2000	显示 2000 年的销售情况
Year(［销售日期］)＝Year(Now()) And Month(［销售日期］)＝Month(Now())	使用 Year、Month 函数和 And 运算符以显示当前年月的销售情况

4.3.3 在查询中使用计算

用"简单查询向导"来进行某些类型的总计计算,还可以用查询设计网格区中的"总计"行来进行全部类型的总计计算。其中,需要为进行计算的字段选定总计函数,常用的总计函数有: Sum(总和)函数、Avg(平均值)函数、Min(最小值)函数、Max(最大值)函数,以及 Count 函数,Count 函数用于返回所有无空值记录的数量。当使用 Count(＊)时,返回所有记录的个数,无论有无空值。

Nz 函数可以返回 0 或一个空字符串"",或者当一个变量为空值时,该函数返回其他的指定值。如果在表达式中使用算术运算符(加、减、乘、除),而且表达式中的某一数值为空值时,整个表达式的结果将变成空值。所以,Nz 函数经常与总计函数配合使用,当表达式中使用的某一字段中的部分数值是空值时,可以利用 Nz 函数将空值转换为零,然后再进行相应的统计。表 4‑8 中各表达式的意义分析如下。

表 4‑8 查询中使用总计函数举例

表 达 式	说 明
Sum(［入学成绩］)	使用 Sum 函数显示入学成绩的总和
Avg(Nz(［入学成绩］,0))	先使用 Nz 函数将入学成绩中的空值转换为零,再使用 Avg 函数显示入学成绩的平均值
Max(［成绩］)	使用 Max 函数显示成绩的最大值
Count(＊)	统计表中记录的个数
Count(［入学成绩］)	统计有入学成绩的人数

1. 在查询中使用"总计"行

在查询的设计视图中,单击功能区的"汇总"按钮,Microsoft Access 将显示设计网格区中的"总计"行。对设计网格区中的每个字段,单击在"总计"行中的单元格,然后再单击下列总计函数之一：Sum、Avg、Min、Max、Count，即可对所选字段进行总计计算。

例 4 - 12 计算"成绩表"中总评成绩的平均值。

操作步骤：

(1) 在设计视图的字段列表区中添加"成绩表"，并将"总评成绩"字段添加到设计网格区中。

(2) 单击功能区的"汇总"按钮，设计网格区中将出现"总计"行，单击"总评成绩"字段在"总计"行中的单元格，选择"平均值"，出现如图 4 - 22 所示的画面。

(3) 保存查询，单击功能区中的"执行"按钮，浏览查询结果，如图 4 - 23 所示。

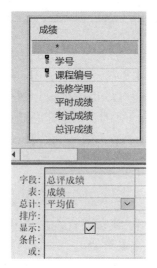

图 4 - 22　计算总评成绩的平均值　　图 4 - 23　计算总评成绩的平均值的结果

注意： 对字段使用总计函数时，Microsoft Access 会将函数和字段名合并用来命名在表中的字段，如图 4 - 23 中的"总评成绩之平均值"。

2. 在查询分组中使用"总计"行

在查询中计算记录组的总和、平均值、数量或其他总计时，要在进行分组的字段的"总计"单元格中选定"Group By"，即首先确定分组字段。如果在表达式中添加包含一个或多个总计函数的计算字段，必须将计算字段的"总计"单元格设置成"Expression"。表4 - 9 列出了"总计"单元格中的部分选项的使用方式。

表 4 - 9　"总计"单元格中的部分选项的使用方式

选　项	用　　　于
Group By	确定分组字段。例如，如果要按专业显示学生人数，在"专业"字段的"总计"行中选定"Group By"
Expression	创建计算字段时，计算字段的表达式中使用多个总计函数，此时需要将计算字段的"总计"行设为"Expression"

续　表

选　项	用　　　于
Where	指定不用于分组的字段条件。如果选定这个字段选项，Microsoft Access 将清除"显示"复选框，隐藏查询结果中的这个字段

例 4 - 13　计算各门课程总评成绩的平均值和最高分。

操作步骤：

（1）在设计视图中添加"成绩表"，将"课程编号"字段添加到设计网格区的"字段"行中，将"总评成绩"字段在设计网格区中添加两次。

（2）单击功能区的"汇总"按钮，出现"总计"行。单击"课程编号"字段在"总计"行中的单元格，选择"Group By"，表示按"课程编号"字段分组。单击"总评成绩"字段在"总计"行中的单元格，选择"平均值"，再单击第二个"总评成绩"字段在"总计"行中的单元格，选择"最大值"，如图 4 - 24 所示。

（3）运行查询。

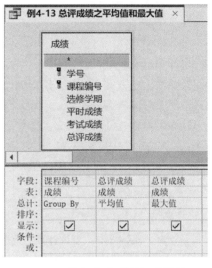

例 4 - 13 演示

图 4 - 24　按课程查询总评成绩的
平均值和最大值

3. 创建自定义计算字段

使用设计网格区的"总计"行的选项，就可以对记录组执行计算，计算出字段的总和、平均值、数量或其他类型的总和。自定义计算可以用一个或多个字段的数据进行数值、日期和文本计算。例如，使用自定义计算可以将某一字段值乘上某一数量，可以找出存储在不同字段的两个日期间的差别，可以组合文本字段中的几个值，或者创建子查询。

对于自定义计算，必须直接在设计网格区中创建新的计算字段。创建计算字段的方法是将表达式输入查询设计网格区中的空字段单元格。

创建自定义计算查询，需要注意以下几个问题。

（1）在"字段"行的空单元格中输入表达式，如果该表达式中包含字段名等变量，必须用方括号将字段名括起来，如例 4 - 5 所示。

（2）创建表达式时，可以使用表达式生成器对话框。

（3）自定义计算字段时，名称将显示在表达式的前方，后面接一个冒号。当然，可以修改冒号前的列标题并输入更具说明性的名称。

例 4 - 14　创建计算字段"提高成绩"。在创建查询的过程中，将课程编号为"kc0001"的记录的总评成绩提高 5%，并将提高后的总评成绩保存到新字段"提高成绩"，显示选修本课程的每个学生的"学号"和"提高成绩"字段。

例 4 - 14 演示

操作步骤：

（1）在设计视图中添加"成绩表"，将"学号"和"课程编号"字段添加到设计网格区中的"字段"行中。

(2) 在"课程编号"字段的"条件"单元格中,输入"kc0001"。

(3) 添加"提高成绩"字段,在"提高成绩"字段的"字段"单元格中输入"提高成绩:〔总评成绩〕* 1.05"。将"课程编号"设为不显示,操作结果如图 4-25 所示。

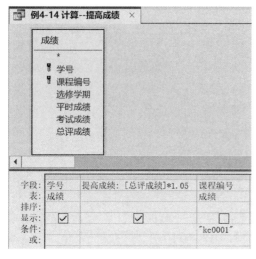

图 4-25 查询计算总评成绩

图 4-26 查询计算总评成绩的结果

(4) 运行查询后,显示结果如图 4-26 所示。

例 4-15 在创建查询的过程中,添加计算字段"年龄"和"民族"。

操作步骤:

(1) 添加"年龄"字段。在"字段"单元格中,输入"年龄"字段的表达式为"年龄:Year(Date())- Year(〔出生日期〕)"。

(2) 添加"民族"字段。在"字段"单元格中,输入"民族"字段的表达式为"民族:IIf(〔是否少数民族〕,"少数民族","汉族")",设计视图设置如图 4-27 所示。

例 4-15 演示

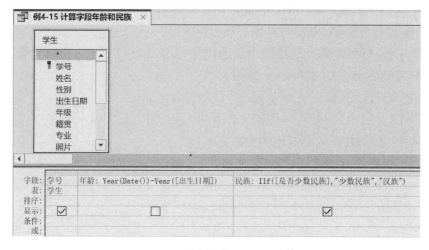

图 4-27 设置"年龄"和"民族"计算字段

（3）显示"学号""姓名""出生日期"，以及计算字段"年龄"和"民族"。

4.4 选择查询

选择查询是 Access 中应用最广泛的查询类型，它可以从一个表或多个表中检索数据，并且可以更新表中的记录，还可以使用选择查询来对记录进行分组并对记录做各种类型的总计计算。使用查询的设计视图可以创建基于一个表或多个表的选择查询。

例 4-16 使用选择查询，显示"学生选课数据库系统"中学生的"学号""姓名""课程名称"和"总评成绩"字段。

例 4-16 演示

操作步骤：

（1）打开数据库窗口，单击"创建"选项卡下"查询"组中的"查询设计"按钮，出现查询设计视图窗口和"添加表"窗格。

（2）在"添加表"窗格中，双击要添加的关系表："学生表""课程表"和"成绩表"。

（3）分别将"学生表"的"学号"和"姓名"字段、"课程表"的"课程名称"字段和"成绩表"的"总评成绩"字段添加到设计网格区中，如图 4-28 所示。

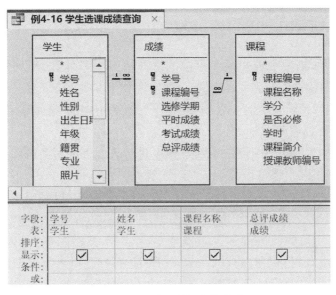

图 4-28 学生选课成绩查询

（4）单击"查询设计"上下文选项卡下"结果"组中的"运行"按钮，执行查询，查看结果。

例 4-17 使用选择查询，查找选修课程编号为"kc0001"且总评成绩在 70 分以上的学生的学号、姓名和总评成绩。

操作步骤：

（1）打开数据库窗口，添加"学生表"和"成绩表"。分别将"学生表"的"学号"字段和

例 4-17 演示

"成绩表"的"总评成绩"字段添加到设计网格区中。

（2）将"课程编号"字段设置为"不显示"，条件为"kc0001"；将"总评成绩"字段的条件设置为"＞70"，运行并查看结果。

自我实践 12

（1）使用选择查询，显示"学生表"中所有姓王的学生的信息。

（2）显示男女生入学成绩的最高分、最低分和平均分。

（3）显示男女生的人数。

（4）查找年龄大于等于 18 岁的学生的学号和姓名。

（5）计算全部课程的总学时。

（6）显示没有入学成绩的学生的学号和姓名。

（7）将各门课的成绩按降序排列。

（8）显示男生选修 01 课程或者女生选修 02 课程的学号、姓名和成绩。

4.5 交叉表查询

交叉表查询显示来源于表中某个字段的总计值（求和、计数、平均），并将它们分组。下面我们在设计视图中创建交叉表查询，一般步骤如下。

（1）打开数据库窗口，单击"创建"选项卡下"查询"组中的"查询设计"按钮，出现查询设计视图窗口和"添加表"窗格。

（2）双击"添加表"窗格中所需的表或查询，进行表或查询对象的添加。

（3）在设计网格区中将字段添加到"字段"行并指定条件。

（4）在功能区中，单击"查询设计"上下文选项卡下"查询类型"组中的"交叉表"按钮，在设计视图中显示交叉表查询为"选中"状态。

（5）如果要将字段的值按行显示，单击"交叉表"行，然后选择"行标题"选项，同时必须在这些字段的"总计"行保留默认的"Group By"。行标题可以有多个。

（6）如果要将字段的值显示为列标题，单击"交叉表"行，然后选择"列标题"选项且必须为这个字段的"总计"行保留默认的"Group By"。列标题只能有一个。

（7）对于要将其值用于交叉表的字段，单击"交叉表"行，然后选择"值"选项。在这个字段的"总计"行单击希望用于交叉表的总计函数类型，如 Sum、Avg 或 Count。值只能有一个。

（8）如果要在计算开始前指定限定行标题的条件，可在"交叉表"单元格中有行标题的字段的"条件"单元格中输入表达式。

（9）如果要在分组行标题和执行交叉表之前指定条件，将要设置条件的字段添加到设计网格区,可单击"总计"单元格中的"Where",保持"交叉表"单元格为空白,然后在"条件"单元格中输入一个表达式,查询结果不会显示"总计"行中有 Where 的那些字段。

(10) 如果要查看查询结果,单击"查询设计"上下文选项卡下"视图"组中的"数据表视图"按钮,打开数据表视图。

例 4–18 建立交叉表查询,显示男女生各门课程总评成绩的平均值。其中,行标题为"性别",列标题为"课程名称",值为各门课程总评成绩的平均值。

例 4–18 演示

操作步骤:

(1) 打开数据库窗口,单击"创建"选项卡下"查询"组中的"查询设计"按钮,出现查询设计视图窗口和"添加表"窗格。

(2) 在"添加表"窗格中,单击添加数据源"学生表""课程表"和"成绩表"。

(3) 在功能区中,单击"查询设计"上下文选项卡下"查询类型"组中的"交叉表"按钮。

(4) 添加"性别"字段,然后单击"交叉表"行,选择"行标题"选项,在这个字段的"总计"行保留默认的"Group By"。

(5) 添加"课程名称"字段,然后单击"交叉表"行,选择"列标题"选项,在这个字段的"总计"行保留默认的"Group By"。

(6) 添加"成绩"字段,单击"交叉表"行,然后选择"值"选项,在这个字段的"总计"行选择"Avg"。

(7) 执行这个查询后,显示结果。

4.6 参数查询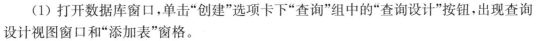

执行参数查询时会显示对话框,以提示用户输入信息。我们可以设计此查询来提示用户输入查询条件,然后显示用户所需要的信息。

(1) 首先创建一个选择查询或者交叉表查询。

(2) 在查询设计视图中,将字段列表中的字段拖动到查询设计网格区。

(3) 在作为参数使用的每一字段下的"条件"单元格中,输入相应的提示信息。提示信息需要置于方括号内,运行时 Access 将显示该提示信息。

(4) 如果要查看查询结果,单击"查询设计"上下文选项卡下"视图"组中的"数据表视图"按钮,打开数据表视图。

例 4–19 建立参数查询,显示指定出生日期范围内的学生信息。

例 4–19 演示

操作步骤:

(1) 利用查询设计器建立一个选择查询,显示"学生表"的全部信息。

(2) 设计"出生日期"字段的条件。如果希望显示"请键入开始日期:"和"请键入结束日期:"这样的提示,以指定输入值的范围,则在字段的"条件"单元格中输入"Between[请键入开始日期]And[请键入结束日期]"。[请键入开始日期]和[请键入结束日期]就是这个查询的提示信息,用户可以根据具体情况设计不同的提示信息。

(3) 参数的数据类型可以由当前字段的数据类型决定,也可以由用户自定义。用户自定义的方法是在上下文选项卡"查询工具"中,单击"显示/隐藏"组的"参数"按钮,出现"查询参数"设置对话框,然后输入所需的参数名称和数据类型。参数的名称必须与"条件"单元格中引用的参数一致。

(4) 运行查询时,系统首先提示"请键入开始日期",如输入"2021 - 1 - 1";然后提示"请键入结束日期",如输入"2021 - 12 - 31"。

(5) 输入数据后,查询显示 2021 年出生的学生信息。如果要显示其他出生日期的学生信息,可以反复运行此查询,输入不同的开始日期和结束日期即可显示出结果。

例 4 - 20 建立参数查询,显示指定姓氏的学生的信息,保存此查询,名称为"例 4 - 20 按指定姓氏查找"。

例 4 - 20 演示

操作步骤:

(1) 若要提示用户输入搜索字符,然后查找以这些字符开始或包含用户指定字符的记录,需要使用 Like 运算符和通配符 * 创建参数查询。在"姓名"字段的"条件"单元格中,输入"Like [请输入要查找的姓氏] & " * ""。

(2) 运行查询时,系统首先提示输入要查找的姓氏。例如,查询所有姓王的学生信息,反复运行此查询可以检索其他姓氏的学生。

(3) 将此查询保存为"例 4 - 20 按指定姓氏查找"。

例 4 - 21 建立参数查询,查询学号中包含指定字符的学生信息。

操作步骤:

(1) 在"学号"字段的"条件"单元格中,输入"Like " * " & [请输入学号中要查询的任意字符] & " * ""。

(2) 运行查询时,系统首先提示输入要查找的字符。

(3) 查询显示学号中所有包含"02"字符的学生信息。使用通配符设置查询条件,可以进行各种模糊查询。

4.7　操作查询

操作查询是仅在一个操作中更改许多记录的查询,即实现记录批量处理的查询,共有 4 种类型:生成表查询、删除查询、更新查询和追加查询。

4.7.1　生成表查询

生成表查询以一个或多个表中的全部或部分数据新建表。利用生成表查询,可创建用于导出到其他 Microsoft Access 数据库的表;可创建表的备份副本或包含旧记录的历史表。创建生成表查询的操作方法如下。

(1) 创建查询并选择要放到新表中的记录的表或查询。

（2）在查询的设计视图中，单击"查询设计"上下文选项卡下"查询类型"组中的"生成表"按钮，显示"生成表"对话框，如图4-29所示。

图4-29 "生成表"对话框

（3）在"表名称"文本框中输入所要创建或替换的表名称。

（4）选中"当前数据库"单选按钮，将新表放入当前打开的数据库；或选中"另一数据库"单选按钮并输入要放入新表的数据库名，必要时输入路径，单击"确定"按钮。

（5）从字段列表区将要包含在新表中的字段拖动到查询设计网格区。

（6）对于拖动到设计网格区的字段，在"条件"单元格中输入条件。

（7）新建表时，单击"查询设计"上下文选项卡下"结果"组中的"运行"按钮。

例4-22 创建一个查询，生成包含"学号""姓名""性别"字段的"学生名册表"。
操作步骤：

例4-22演示

（1）创建查询，选择"学生表"作为数据源。在查询的设计视图中，单击"查询设计"上下文选项卡下"查询类型"组中的"生成表"按钮，显示"生成表"对话框，在"表名称"文本框中输入所要创建的表名称"学生名册表"。

（2）将要包含在新表中的"学号""姓名"和"性别"字段拖动到查询设计网格区。

（3）单击"查询设计"上下文选项卡下"结果"组中的"运行"按钮，运行此查询，返回数据库的表对象中，可以看到生成了一个新的"学生名册表"。

4.7.2 删除查询

可以使用删除查询从一个表中删除一组记录，删除查询将删除整个记录，而不只是记录中所选择的字段。

1. 从独立表或从表中删除记录

（1）在查询设计视图中，单击"查询设计"上下文选项卡下"查询类型"组中的"删除"按钮。

（2）对于要从中删除记录的表或查询，从字段列表区将星号拖动到查询设计网格区中。

（3）为删除记录指定条件，将要设置条件的字段拖动到设计网格区。Where显示在这些字段下的"删除"单元格中，在已经拖动到设计网格区的字段的"条件"单元格中输入条件。

(4) 单击"查询设计"上下文选项卡下"结果"组中的"运行"按钮,运行此查询删除记录。

例 4-23 创建一个删除查询,删除"学生名册表"中所有男生的记录。

例 4-23 演示

操作步骤:

(1) 在查询的设计视图中,单击"查询设计"上下文选项卡下"查询类型"组中的"删除"按钮。

(2) 将"学生名册表"添加到设计视图中,将要设置条件的"性别"字段拖动到设计网格区,在该字段的"条件"单元格中输入"男"。

(3) 单击功能区上的"运行"按钮。

(4) 返回数据库的表对象中,打开"学生名册表",男生的数据已被删除。

2. 从主表中删除记录

在一对多和一对一联系中的一端(主表)上执行一个删除查询时,必须使此联系允许级联删除,Access 将从多端(从表)中删除相关的记录,从而保证数据的一致性。例如,假如专业与学生之间是一对多联系,要删除一条专业记录,则"学生表"中属于此专业的学生记录也需要被删除,从而保障了从表到主表的参照完整性。

(1) 新建查询,添加要删除记录的主表作为数据源。

(2) 在查询设计视图中,单击"查询设计"上下文选项卡下"查询类型"组中的"删除"按钮。

(3) 从表的字段列表区将星号拖动到查询设计网格区中,"From"将显示在这些字段下的"删除"单元格中。

(4) 为删除的记录指定条件,将要设置条件的字段拖动到设计网格区,"Where"将显示在这些字段下的"删除"单元格中。在已经拖动到设计网格区的字段的"删除"单元格中输入条件。

(5) 单击功能区上的"运行"按钮删除记录。

例 4-24 创建一个删除查询,删除"学生表"中学号为"990301"的记录。

例 4-24 演示

分析:在"学生选课数据库系统"中,"学生表"与多个表之间存在联系,此处假设"学生表"仅与"成绩表"之间存在一对多联系,"学生表"为一方。当删除学生信息时,其所选课程的成绩信息也应该被删除,从而保证数据的参照完整性。

操作步骤:

(1) 首先,使"学生表"和"成绩表"之间的联系允许级联删除,如图 4-30 所示(在第 2 章中我们已经设置过)。

(2) 在查询设计视图中,选择查询类型为删除查询,并将"学生表"添加到设计视图区中(注意:此处"仅需"将"学生表"添加到设计视图的字段列表区)。

(3) 从"学生表"的字段列表区中将星号拖动到查询设计网格区,将要设置条件的"学号"字段拖动到设计网格区,"Where"将显示在这个字段下的"删除"单元格中。在该字段的"条件"单元格中输入条件"990301"。

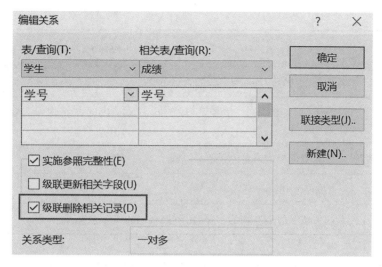

图 4-30   编辑表间关系(级联删除)

（4）运行此查询后，返回数据库的表对象中，打开"学生表"和"成绩表"，与学号"990301"相关的记录已经从这两张表中删除。尽管"成绩表"没有出现在设计视图中，但由于两个表之间建立了级联删除，所以与学号"990301"相关的记录的成绩信息被同时删除。

4.7.3　更新查询

更新查询可以对一个或多个表中的一组记录做全局的更改，使用更新查询可以添加、更改或删除现有记录中的信息。

1. 使用更新查询改变一组记录

（1）创建一个查询，添加要更新记录和设置条件字段的表或查询作为数据源。

（2）在查询的设计视图中，单击"查询设计"上下文选项卡下"查询类型"组中的"更新"按钮，在设计视图中显示更新查询为"选中"状态。

（3）从字段列表区，将要更新或指定条件的字段拖动到查询设计网格区中。

（4）如果必要，在"条件"单元格中指定条件。

（5）在要更新字段的"更新到"单元格中，输入用来改变这个字段的表达式或数值。

（6）运行查询，运行时不可重复执行，否则数据可能出错。

2. "更新到"单元格

更新查询中"更新到"单元格中的表达式示例如表 4-10 所示。

表 4-10   更新查询中"更新到"单元格中的表达式示例

表 达 式	结　　果
"VB 程序设计"	将文本型数据改变为常量"VB 程序设计"
♯85/10/8♯	将日期型数据改变为常量"1985 年 10 月 8 日"

续　表

表　达　式	结　　果
Yes	将是/否(Yes/No)型字段的否(No)数值改变为是(Yes)
"19"&[学号]	将 19 添加到每个"学号"字段的开头。[]内的文字内容是字段名称，以下类同
[单价]＊[生产量]	计算单价和生产量的乘积
[生产量]＊1.5	增加 50%的生产量
Right([学号],4)	截去该字段最左端的字符，留下最右端的 4 个字符

例 4 - 25 演示

例 4 - 25　创建一个更新查询，将所有必修课的考试成绩减 5 分。

操作步骤：

(1)"是否必修"字段属于"课程表"，"考试成绩"字段属于"成绩表"。故创建一个查询，需添加"课程表"和"成绩表"作为数据源。

(2)在查询的设计视图中，单击"查询设计"上下文选项卡下"查询类型"组中的"更新"按钮。

(3)从字段列表区将要更新的"考试成绩"字段和指定条件的"是否必修"字段拖动到查询设计网格区中。

(4)在"是否必修"字段的"条件"单元格中指定条件"Yes"。

(5)在"考试成绩"字段的"更新到"单元格中输入"[考试成绩]-5"。

(6)运行查询，查看"成绩表"中必修课程的考试成绩记录。之后，再次查看"成绩表"中的"考试成绩"字段，相应成绩被修改。

4.7.4　追加查询

为了避免手动输入新数据，可使用追加查询来复制记录。利用追加查询，可以从一个或多个表将一组记录追加到一个表的尾部。使用追加查询从一个表向另一个表追加记录的操作方法如下。

(1)新建一个查询，追加记录到另一个表，追加记录所属的表为数据源表。

(2)在查询的设计视图中，单击"查询设计"上下文选项卡下"查询类型"组中的"追加"按钮，在设计视图中显示追加查询为"选中"状态。

(3)在"表名称"文本框中，输入要追加记录的表名称，为目标表。

(4)如果目标表在当前打开的数据库中，选中"当前数据库"单选按钮，或选中"其他数据库"单选按钮，并输入存放这个表的数据库名，必要时输入路径。也可以输入到 Microsoft FoxPro、Paradox 或 dBASE 数据库的路径，或输入到 SQL 数据库的连接字符串，单击"确定"按钮。

（5）从字段列表区中,将要追加的字段和将要设置条件的字段拖动到查询设计网格区中。如果表中有自动编号数据类型的字段,则可以增加或不增加主键字段。如果两个表中所有的字段都具有相同的名称,可以只将星号拖动到查询设计网格区中。

（6）如果已经在两个表中选择了相同名称的字段,Microsoft Access 将自动在"追加到"单元格中填上相同的名称。如果在两个表中并没有相同名称的字段,在"追加到"单元格中将输入所要追加到表中字段的名称。

（7）在已经拖动到设计网格区中的字段的"条件"单元格中,输入用于生成追加内容的条件。

（8）运行查询。如果重复追加同一批数据或主键值已经存在的记录时,将出现主键值冲突,无法重复追加。

例 4-26　创建一个追加查询,假设已经存在一个数据源"教师表副本",该表的结构与"教师表"相同,将"教师表副本"中的全部数据追加到"教师表"中。

例 4-26 演示

操作步骤:

（1）创建一个查询,添加"教师表副本"为数据源。在查询的设计视图中,单击"查询设计"上下文选项卡下"查询类型"组中的"追加"按钮,出现如图 4-31 所示的对话框。在"表名称"文本框中输入"教师表"（即将设计视图上部数据源表中的记录追加到"教师表"）。

图 4-31　"追加"对话框

（2）从设计视图的字段列表区中,将要追加的字段拖动到查询设计网格区中,由于两个表中所有的字段都具有相同的名称,所以可以只将星号拖动到查询设计网格区中。

（3）查看"教师表"中的记录,执行查询,确定记录被追加到"教师表"中后,再次查看"教师表"中的记录进行比对。

注意:如果追加表或目标表中存在多值字段（如附件型数据类型）,追加查询将被禁止;如果追加表或目标表中主键值重复,追加查询将被禁止。

思考:如果"教师表副本"比"教师表"多了一个字段"家庭住址",那么在将"教师表副本"的数据追加到"教师表"中时,会出现什么情况呢?

练 习 题

一、选择题

1. 某数据表有一个字段"Name",查找 Name 不为空的记录的准则可以设置为（　　）。

A. Not Null　　　　　　　　　　　　B. Is Not Null

C. Between 0 and 64　　　　　　　　D. Null

2. 如果在数据库中已有同名的表,那么下列哪种查询将覆盖原有的表?（　　）

A. 删除　　　　　B. 追加　　　　　C. 生成表　　　　　D. 更新

3. 对于交叉表查询,用户只能指定总计类型的字段的个数为（　　）。

A. 1个　　　　　B. 2个　　　　　C. 3个　　　　　D. 4个

4. 某数据表有一个字段"Name",查找 Name 为 Mary 和 Lisa 的记录的准则为（　　）。

A. In("Mary","Lisa")　　　　　　　B. Like "Mary" And Like "Lisa"

C. Like ("Mary","Lisa")　　　　　　D. "Mary" And "Lisa"

5. 某数据表有一个字段"地址",查找地址的最后 3 个字为"9 信箱"的记录的准则为（　　）。

A. Right([地址],3)＝"9 信箱"　　　　B. Right([地址],6)＝"9 信箱"

C. Right("地址",3)＝"9 信箱"　　　　D. Right("地址",5)＝"9 信箱"

6. 使用查询向导不可以创建（　　）。

A. 简单的选择查询　　　　　　　　B. 基于一个表或查询的交叉表查询

C. 操作查询　　　　　　　　　　　D. 查找重复项查询

7. 下列说法正确的是（　　）。

A. 创建好查询后,不能更改查询中的字段的排列顺序

B. 对已创建的查询,可以添加或删除其数据源

C. 对查询的结果,不能进行排序

D. 上述说法都不正确

8. 可建立下拉列表式输入的字段对象是（　　）类型字段。

A. OLE　　　　　B. 长文本　　　　　C. 超链接　　　　　D. 查阅向导

二、填空题

1. 操作查询共有删除查询、生成表查询、_____和更新查询 4 种类型。

2. 在设置查询的准则时,可以直接输入表达式,也可以使用_____来帮助创建表达式。

3. 若上调产品价格,最方便的方法是使用_____查询。

4. Access 查询的数据源可以是_____和_____。

5. 在查询设计视图中,查询的"条件"行上,同一行的条件是_____的关系,不同行的条件是_____的关系。

6. 在查询设计的过程中,如果在"条件"行将"姓名"字段设置为"Like " * 国 * "",则查询的记录应满足条件_____。

三、简答题

1. 什么是查询?查询有哪些类型?

2. 简述查询的主要作用和功能。

3. 查询和表有何不同?

4. 如何创建交叉表查询?

5. 什么是操作查询?操作查询的类型有几种?

第 5 章

结构化查询语言

本章内容主要包含 SQL 概述、SQL 数据查询语句、SQL 数据定义和 SQL 记录操作等内容。通过本章的学习,学习者应该掌握 SQL 的基本结构以及 SQL 使用的操作界面。SQL 是关系数据库系统中数据操作的基础,创建表格、查找数据、修改表结构等都是以 SQL 为基础的。

5.1　SQL 概述

结构化查询语言(SQL)的核心是数据查询,在标准化过程中逐步成为通用的数据库语言。SQL 接近自然语言,简单易学,可以直接在数据库管理系统中应用,或嵌入其他高级程序设计语言中使用。SQL 在数据定义、数据操作、数据查询和数据控制方面都有规范的格式,可以独立完成数据库管理的各项工作。非过程化的 SQL 只需告诉程序需要做什么,而无须了解数据存放和具体实现细节。另外,SQL 语句可以嵌套,以实现复杂的查询要求。

SQL 包含 4 种命令:一是数据定义语句,包含 Create、Drop、Alter 3 个命令;二是数据操作语句,包含 Insert、Update、Delete 3 个命令;三是数据查询语句(data query language,DQL),主要使用 SELECT 命令完成;四是数据控制语句,包含 Grant、Revoke、Commit、Rollback 4 个命令。

在 Access 数据库中,使用 SQL 语句的步骤如下。

(1)打开数据库窗口,进入查询设计器。

(2)单击"查询工具"上下文选项卡下"结果"组中的"SQL 视图"按钮。

(3)输入 SQL 语句。

(4)单击功能区中的"执行"按钮,可以直接执行查询。

(5)单击功能区中的"保存"按钮,在弹出的对话框中命名查询。

SQL 语句
的使用

5.2　SQL 数据查询语句

5.2.1　Select 语句的语法

完整的 SQL 查询语句常用的语法结构为

Select［All│Distinct│Top〈n〉］

〈 ＊ │ 表名.＊ │［表名.］字段 1［As 列标题 1］［,［表名.］字段 2［As 列标题 2］［,…]]〉

［Into〈新表名〉］

From〈表列或者表之间的连接关系〉

［Where〈查询条件〉］

［Group By〈分组项〉］［Having〈分组筛选条件〉］

［Order By〈排序项〉［Asc│Desc］［,…]]

其中：

（1）语句中的符号"［］"表示可选项，"│"表示多项选一，"〈〉"表示必选项。

（2）All│Distinct│Top〈n〉用于限定查询的记录范围，默认为 All，Distinct 是无重复，Top〈n〉表示前 n 个。

（3）＊代表全部字段，多个表时要有表名作为前缀。

（4）As 可用于计算字段的列标题，也可以为原字段另起列标题。

（5）From 为数据源，数据源可以是表或查询，多个表时须有连接方式。

（6）Where 用于设置查询的条件。

（7）Group By 用于设置分组依据，Having 用于对分组进行筛选。

（8）Order By 用于设置排序依据。

（9）Into 用于设置查询去向表。

Select 语句可以划分为 6 个组成部分：查询项、数据源、查询条件、查询去向、查询分组和查询排序。

注意：在输入 SQL 查询语句时，语法结构中的英文单词为关键字，上述任意关键字应该与前后字符之间留出"空格"，以避免 Access 误判。

例 5-1　查询"教师表"的全部信息。

分析：查询项也称为列标题，一般是数据源中的字段名。"教师表"的全部信息包含所有字段和所有记录两个含义，所有字段的数据项可以用"＊"代替，所有记录则不需设置条件。

Select ＊ From 教师表

例 5-2　从"例 4-16 学生成绩查询"中，查询学号、姓名、课程名称、考试成绩。

分析：该查询的数据源为查询，查询项逐个列出，查询项之间用英文逗号分隔。

Select 学号,姓名,课程名称,考试成绩 From 例 4-16 学生成绩查询

例 5-3　查询学生的总评成绩，查询项有学号、课程编号、平时成绩、考试成绩和总评成绩。

分析：查询项可以是计算统计表达式。每个查询项可以通过 As 起别名，成为查询结果的列标题。查询要求除了"成绩表"中的所有字段，还添加了"总评成绩"计算项，"总评成绩"的计算表达式通过 As 给出列标题。

Select 学号,课程编号,平时成绩,考试成绩,［平时成绩］＊0.3＋［考试成绩］＊0.7 As 总评成绩 From 成绩表

例 5 - 4　查询教师的代课信息,查询项有课程编号、课程名称、教师编号、姓名和职称。

分析:查询项来源于"教师表"和"课程表",两个表通过第三个表(讲授)关联。当 3 个表中有相同的字段名时,必须通过前缀指明当前字段属于哪个表,表名与字段名之间用英文句点分隔。当没有其他条件时,语法中两个表之间的连接表达,可以在 Where 子句中用关联字段相等的方法。

Select 课程表.课程编号,课程表.课程名称,教师表.教师编号,教师表.姓名,教师表.职称

From 课程表,讲授表,教师表

Where 教师表.教师编号=讲授表.教师编号 And 课程表.课程编号=讲授表.课程编号

例 5 - 5　查询"学生表"中是少数民族的学生的学号、姓名、专业名。

分析:"是否少数民族"字段本身为是/否类型,其值本身为逻辑值,故条件表达式可以直接用字段名。如果不是少数民族的学生,则在"是否少数民族"字段前加上 Not。

Select 学号,姓名,专业名 From 学生表 Where 是否少数民族

例 5 - 6　从"例 4 - 16 学生成绩查询"中查询考试成绩不及格的学生信息。

分析:条件表达式是一个简单的关系运算。

Select ＊ From [例 4 - 16 学生成绩查询] Where 考试成绩<60

例 5 - 7　查询"课程表"中含有"技术"二字的课程名称。

分析:查询条件需要进行部分匹配,可以使用 Like 关系运算符和通配符。

Select 课程名称 From 课程表 Where 课程名称 Like " ＊技术 ＊ "

5.2.2　连接查询

多个表之间的连接是在 From 子句中实现的,连接方式有左连接、右连接和内连接。Access 默认为内连接,而且是有效的连接。

例 5 - 8　查询选修"英语"课程的学生的学号、课程名称、平时成绩和考试成绩。

分析:查询需要"课程表"和"成绩表"中的字段,两个表之间为内连接,查询条件为"英语"课程。

Select 学号,课程名称,平时成绩,考试成绩

From 课程表 Inner Join 成绩表 On 课程表.课程编号=成绩表.课程编号

Where 课程名称="英语"

例 5 - 9　查询"数据库基础与应用"这门课程的成绩信息,提供学号、姓名、课程名称、平时成绩、考试成绩和总评成绩。

分析:查询需要"学生表""课程表"和"成绩表"3 个表中的字段,故需建立 3 个表之间的内连接关系。

Select 学生表.学号,姓名,课程名称,平时成绩,考试成绩,平时成绩 ＊ 0.3＋考试成绩 ＊ 0.7 As 总评成绩

From 学生表 Inner Join (成绩表 Inner Join 课程表

On 成绩表.课程编号=课程表.课程编号) On 学生表.学号= 成绩表.学号

Where 课程名称＝"数据库基础与应用"

在 SQL 查询中,查询项为分组统计的需要使用聚合函数,常用的聚合函数如表 5－1 所示。

表 5‐1　常用的聚合函数列表

函　　　　数	功　　　　能
Avg(expr)	数值平均值
Sum(expr)	数值求和
Count(expr)	统计记录数
First(expr)	记录集中第一个字段的数值
Last(expr)	记录集中最后一个字段的数值
Min(expr)、Max(expr)	记录集中指定列的最小值、最大值

查询统计时,通常使用 Group By 子句进行分组,使用 SQL 聚合函数进行统计,对查询统计进行筛选使用 Having 子句。Having 子句必须与 Group By 子句配合使用,不能单独使用。分组统计查询中查询项只需分组字段和统计字段。

例 5‐10　查询学生各门课程的平均考试成绩。

分析:根据题意,查询分组为课程名称,统计为对考试成绩求平均,没有筛选要求。

Select 学号,Avg(考试成绩) As 学期平均考试分

From 课程表 Inner Join 成绩表 On 课程表.课程编号＝成绩表.课程编号 Group By 学号

例 5‐11　对例 5.10 的查询结果,筛选平均分大于 80 分的记录。

分析:在例 5.10 查询的基础上,添加分组筛选即可。

Select 学号, Avg(考试成绩) As 学期平均考试分

From 课程表 Inner Join 成绩表 On 课程表.课程编号＝成绩表.课程编号

Group By　 学号　 Having Avg(考试成绩)＞80

例 5‐12　统计每个学生选修的课程门数。

分析:根据题意,查询数据源为"成绩表",分组字段为"学号",选修课程门数也就是该学号对应的记录数,记录数统计方法是 Count()聚合函数。

Select 学号,Count(＊) As 选修门数 From 成绩表 Group By 学号

查询排序使用 Order By 子句实现。排序通常与限定词 Top⟨n⟩连用,默认为升序。使用 Desc 表示降序,Asc 表示升序。

例 5‐13　查询"数据库基础与应用"课程的总评成绩及格的记录,按总评成绩升序显示。

分析：根据题意,选择已经建立的查询"例5-9"作为数据源;查询要求的课程名称和总评成绩及格为逻辑与关系;显示按总评成绩升序排列。

Select * From［例5-9］

Where 课程名称="数据库基础与应用" And 总评成绩>60

Order By 总评成绩

例5-14 创建参数查询,提示"请输入学号",查询该学生所有选修课程的考试成绩,并按照考试成绩由高到低选取前3门课程的记录。

分析：查询的数据源为"成绩表";查询要求输入的学号为可变参数;对查询结果的前3条记录限制用 Top;查询结果按考试成绩降序排列。

Select　Top 3　*

From 成绩表

Where 学号=［请输入学号］

Order By 考试成绩 Desc

5.2.3　联合与嵌套

1. 联合查询

在 SQL 查询中,可以把两个 Select 语句通过联合(Union)运算进行合并,称为联合查询。联合查询的查询项名称必须相同且数据类型必须一致,但可以是不同的数据源。

例5-15 查询"成绩表"中考试成绩大于或等于90分和小于60分的记录。

分析：该查询可以通过条件的逻辑运算实现,也可以通过联合查询实现。

Select * From 成绩表 Where 考试成绩>=90

Union

Select * From 成绩表 Where 考试成绩<60

2. 嵌套查询

嵌套查询是在一个 Select 查询的 Where 子句中嵌入了另一个 Select 查询。嵌套查询通常用于查询条件字段不在查询的数据源中的情况。

例5-16 查询法律系学生在"成绩表"中的记录。

分析：查询要求的信息仅限于"成绩表"中,专业信息在"学生表"中,它们之间通过"学号"字段关联,通过对学号的进一步嵌套选择来实现查询的目标。

Select * From 成绩表

Where 学号 In (Select 学号 From　学生表 Where　专业名 ="计算机专业")

5.2.4　查询去向

在 SQL 中,执行查询后默认以表的形式显示结果,查询随着关闭查询显示窗口而结束。若需要将查询结果保留存档,或继续在其他应用中使用该查询,可以通过 Into 子句使查询去向为表。

例 5 - 17　将及格学生的学号、姓名、性别、选修学期、课程名称、平时成绩、考试成绩和总评成绩查询结果保存到"及格成绩表"中。

分析：根据题目要求，查询去向为表，设计查询时，在查询项后设置 Into 子句。

Select 学生表.学号，姓名，性别，课程名称，平时成绩，考试成绩，平时成绩 * 0.3 + 考试成绩 * 0.7　As 总评成绩　Into 及格成绩表

From 学生表 Inner Join（课程表 Inner Join 成绩表 On 课程表.课程编号＝成绩表.课程编号）

On 学生表.学号＝成绩表.学号

Where 总评成绩＞＝60

5.3　SQL 数据定义

SQL 的重要功能之一就是实现数据的定义。数据定义语句主要有创建表、创建索引和修改表结构等语句。数据定义语句的编译执行也是在查询对象中进行的，操作方法与查询语句相同。

5.3.1　创建表

SQL 创建表的基本语法格式为

Create Table〈表名〉

（〈字段 1〉〈数据类型 1〉［(n)］［Not Null］［Primary Key|Unique］

［,〈字段 2〉〈数据类型 2〉［(n)］［Not Null］［Primary Key|Unique］

［,…］］)

其中，

（1）数据类型有文本（text）、字节（byte）、长整型（integer）、单精度（single）、双精度（float）、货币（currency）、备注（memo）、日期和时间（date）、逻辑（logical）、OLE 对象（OLE object）等。

（2）Primary Key 定义字段为主键，Unique 定义字段为唯一索引。

例 5 - 18　在"图书管理数据库"中，定义图书信息表"Books"。

Create Table Books（图书编号 text (8) Primary Key,书名 text(16) Not Null,作者 text(4),出版社 text(12),出版日期 date,价格 currency,内容简介 memo)

例 5 - 19　在"图书管理数据库"中，创建读者信息表"Readers"。

Create Table Readers（借书证号 text (8) Primary Key,姓名 text(4) Not Null,性别 text(1),工作部门 text(10),身份证号 text(18),出生日期 date,照片 OLE object)

例 5 - 20　在"图书管理数据库"中，定义借阅信息表"Borrows"。

Create Table Borrows（图书编号 text(8) References Books(图书编号),借书证号 text(8) References Readers(借书证号),借阅日期 date,归还日期 date,Primary Key(图

书编号,借书证号))

从"图书管理数据库"的 3 个表之间的关系上看,"Books"和"Readers"表为主表,"Borrows"表为从表,应先建立主表,后建立从表,从表中用 References 指定与主表之间的参照关系。

5.3.2 创建索引

SQL 创建索引的语法格式为

Create [Unique] Index 〈索引名称〉On 〈表名〉
(〈索引字段 1〉[Desc|Asc] [,〈索引字段 2〉[Asc|Desc] [,…]]) [With Primary Key]

通过上述语句创建的索引可以是单字段索引或多字段索引,索引的类型可以是:唯一索引(Unique 限定),主键(With Primary Key 限定)、普通索引。

例 5 - 21 给"Books"表的"书名"字段建立一个降序排列的普通索引,索引的名称为"书名"。

Create Index 书名 On Books (书名 Desc)

5.3.3 修改表

1. 添加字段

Alter Table 〈表名〉Add 〈字段名〉〈数据类型〉(n)

例 5 - 22 给"图书管理数据库"的"Readers"表添加"住址"字段和"电话"字段。

Alter Table Readers Add 住址 text(20)

Alter Table Readers Add 电话 integer

2. 删除字段

Alter Table 〈表名〉Drop 〈字段名〉

例 5 - 23 把"Readers"表中的"住址"字段删除。

Alter Table Readers Drop 住址

3. 修改字段的数据类型

Alter Table 〈表名〉Alter 〈字段名〉〈数据类型〉(n)

例 5 - 24 把"Readers"表中的"电话"字段的数据类型改为文本型,字段大小为 11 个字符。

Alter Table Readers Alter 电话 text(11)

4. 删除索引

Drop Index 〈索引名〉On 〈表名〉

例如:Drop Index 专业 On 学生表副本

5. 删除表

Drop Table 〈表名〉

例如:Drop Table 学生表副本

5.4 SQL 记录操作

记录操作是对表记录的操作。记录操作的语句有 Insert(插入记录)、Update(更新字段数据)、Delete(删除记录)。记录操作在 Access 的查询对象中使用,操作方法与查询方法相同。

5.4.1 删除记录

Delete From〈表名〉[Where 〈删除条件〉]

其中,如果没有 Where 条件,则删除表中的全部记录。

例 5 - 25 删除"Readers"表中姓名为"张三"的记录。

Delete From Readers Where 姓名＝"张三"

5.4.2 更新记录

Update〈表名〉Set〈字段 1〉＝〈表达式 1〉 [,〈字段 2〉＝〈表达式 2〉,…]
[Where〈更新条件〉]

如果没有 Where 条件,则更新全部的记录。

例 5 - 26 把"Readers"表中所有王姓的记录全部改为张姓。

Update Readers Set 姓名＝"张" & Mid(姓名,2)

Where Left(姓名,1)＝ "王"

5.4.3 插入记录

Insert Into〈表名〉[(字段名列表)] Values (表达式列表)

在插入语句中,字段名列表用英文逗号分隔,表达式列表要和字段名列表的顺序、数据类型一致。当对表中所有字段插入记录时,可省略字段名列表。

例 5 - 27 给"Readers"表插入一条记录。

Insert Into Readers

Values ("xs0501001","张三","男","法律","610502192305110122",♯1998/02/5♯, Null)

Insert Into Readers (借书证号,姓名,出生日期)

Values ("x0501002","李四",♯1997/10/5♯)

练 习 题

一、选择题

1. Select 语句的下列子句中,通常和 Having 子句同时使用的是( )。

A. Order By 子句　　　　　　　　B. Where 子句

C. Group By 子句　　　　　　　　D. 均不需要

2. 在 Where 字句的条件表达式中,可以用(　　)通配符与所在位置的零个或多个字符相匹配。

A. *　　　　　　B. %　　　　　　C. ?　　　　　　D. ->

3. SQL 的标准函数 Count、Sum、Avg、Max、Min 等,不允许出现在查询语句的(　　)子句中。

A. Select　　　　　　　　　　　B. Having

C. Where　　　　　　　　　　　D. Group By … Having

4. 已知基本表 S 对应的关系模式为(S♯,Sname,age),下列 Select 子句中错误的是(　　)。

A. Select S♯,Avg(age)　　　　　　B. Select Distinct age

C. Select Sname As 姓名　　　　　D. Select age > 20

5. 下列 Select 语句中语法正确的是(　　)。

A. Select * From '通讯录' Where 性别='男'

B. Select * From 通讯录 Where 性别="男"

C. Select * From '通讯录' Where 性别=男

D. Select * From 通讯录 Where 性别=男

6. 在 SQL 基本命令中,插入数据所用到的语句是(　　)。

A. Select　　　　　B. Insert　　　　　C. Update　　　　　D. Delete

7. 在 SQL 基本命令中,修改表结构所用到的语句是(　　)。

A. Alter　　　　　B. Create　　　　　C. Update　　　　　D. Insert

二、填空题

1. SQL 具有数据定义、数据操作、_____和数据控制的功能。

2. 在 SQL 查询中,Group By 子句用于_____。

3. 要删除"选修"表中的所有行,在 SQL 视图中可输入_____。

4. 在 Select 语句中,_____子句用于选择满足特定条件的元组,使用_____子句可按指定列分组,同时使用_____子句可提取满足条件的组。

5. 在 Where 子句的条件表达式中,与字符串的零个或多个字符串相匹配的符号是_____;与字符串中的单个字符相匹配的符号是_____。

三、简答题

1. 简述 SQL 查询语句中各子句的作用。

2. 简述数据定义的功能。

3. 简述数据更新的功能。

4. 什么是子查询?

第 6 章

窗　体

本章包括窗体概述、创建窗体、窗体中的控件和窗体应用举例 4 个部分。学习者需要熟练掌握窗体和窗体控件的创建方法，以及使用控件的方法。最后，通过一个应用案例，实现了通过窗体之间的链接查看学生成绩的效果。

6.1　窗体概述

在 Access 2021 数据库中，窗体是一个十分重要的对象，它可以为用户提供交互式访问数据库的界面，是用户和数据库之间的接口。从外观上看，窗体最上方是标题栏和控制按钮；窗体内是各种控件：标签、文本框、单选按钮、组合框、列表框及命令按钮；最下方是状态栏。窗体有输入数据、显示和编辑数据、组织实现完整的业务流程等多种用途。

6.1.1　窗体分类

窗体又称为表单，是人机对话的重要工具，有以下几种窗体类型。

1. 单个窗体

单个窗体又称为单页窗体，每次只显示表或查询中的一条记录，可以占一个或多个屏幕页，记录中各字段纵向排列。单个窗体通常用于浏览、输入数据，每个字段的标签一般都放在字段左边，即左侧是字段的名称，右侧是字段的值。

2. 表格式窗体

表格式窗体在窗体的一个画面中显示表或查询中的全部记录，记录中的字段横向排列，记录纵向排列。每个字段的标签都放在窗体顶部，作为窗体页眉。可通过滚动条来查看和维护表格式窗体中的其他记录。

3. 数据表窗体

数据表窗体从外观上看与表和查询显示数据的界面相同，通常是用来作为一个窗体的子窗体。数据表窗体与表格式窗体都以行列格式显示数据，但表格式窗体是以立体形式显示的。

4. 主/子窗体

窗体中的窗体称为子窗体，包含子窗体的窗体称为主窗体。主/子窗体通常用于显示多个表或查询的数据，这些表或查询的数据具有一对多联系。主窗体只能显示为单个窗体,子窗体可以显示为数据表窗体,也可以显示为表格式窗体。在子窗体中可以创建二级子窗体。

另外,按照窗体的作用,可以将窗体分为:数据输入窗体,完成数据维护功能;切换面板窗体,完成各种对象之间的切换;自定义对话框,显示提示信息。不管何种类型的窗体,都具备一定的属性,主要用于窗体的结构、外观和数据来源的调整。

6.1.2 窗体视图

在 Access 2021 中,窗体有 4 种视图(见图 6-1),分别为窗体视图、数据表视图、布局视图和设计视图。打开窗体后,在"视图"组中单击"视图"下拉按钮,从中选择所需的视图命令;或右击窗体名称,在弹出的快捷菜单中选择不同的视图命令,可以在不同的窗体视图间相互切换。

图 6-1 Access 2021 窗体视图类型

1. 窗体视图

窗体视图是窗体运行时的显示形式,是完成对窗体设计的效果,可浏览窗体所捆绑的数据源数据。如果要以窗体视图打开某一窗体,可以在导航窗格的窗体列表中双击要打开的窗体。在窗体视图中,可以浏览数据,也可以进行添加、修改、删除和统计表中的数据等操作。

2. 数据表视图

数据表视图是以表格的形式显示表或查询中的数据,可进行编辑、添加、删除和查找数据等操作。只有以表或查询为数据源的窗体才具有数据表视图。

3. 布局视图

布局视图是 Access 2010 新增的视图,是用于修改窗体最直观的视图。在布局视图中,窗体处在运行状态下,可以进行窗体设计,也可以根据实际数据调整对象的宽度和位置。在布局视图中,用户看到的数据显示形式与在窗体视图中的非常相似。

4. 设计视图

窗体是由各类控件组成的,设计视图不仅可以进行窗体的创建和修改,而且可以显示各种控件的布局,但并不显示数据源数据。

打开数据库,在"创建"选项卡的"窗体"组中,单击"窗体设计"按钮,就会打开窗体的设计视图。在窗体设计视图下,Access 窗体由窗体页眉、页面页眉、主体、页面页脚和窗体页脚 5 个节组成,如图 6-2 所示。

(1)窗体页眉:用于显示窗体的标题、说明窗体的使用、放置窗体的控制按钮,对于每个记录而言都是一样的。在窗体

图 6-2 设计视图中窗体的基本组成

视图中,窗体页眉出现在屏幕的顶部,而打印时仅出现在首页顶部(打印页首页的顶部)。

(2) 页面页眉:在每张打印页的顶部显示诸如标题、列标题、日期或页码的信息。页面页眉只出现在打印的窗体中。

(3) 主体:用于显示窗体的主要部分,显示记录。可以在屏幕或页面上显示一条记录,也可以根据屏幕和页面的大小显示多条记录。该节通常包含绑定到记录源中字段的控件,但也可能包含未绑定控件,如线段或标签等。

(4) 页面页脚:在每张打印页的底部显示诸如汇总、日期或页码等信息。页面页脚只出现在打印的窗体中。

(5) 窗体页脚:位于窗体最下方,用于显示窗体的使用说明、命令按钮或接收输入的未绑定控件等,对于每个记录而言都是一样的。在窗体视图中,窗体页脚显示在屏幕的底部,而在打印时出现在打印页末页的尾部。

5. 窗体属性

窗体中的每一个对象(窗体或控件)都有一个名称,若在程序中指定或使用某一个对象,可以使用这个对象的名称。这个名称是由“名称”属性定义的,是唯一的。除“名称”属性之外,窗体的属性还有很多,选中某个属性时,按 F1 功能键可以获得该属性的在线帮助信息,这也是熟悉属性用途的好方法。

在窗体设计视图中,窗体和控件的属性可以在“属性表”窗格中设定。单击“设计”选项卡的“工具”组中的“属性表”按钮,或双击窗体的空白处,即可打开“属性表”窗格。“属性表”窗格包含 5 个选项卡,分别是“格式”“数据”“事件”“其他”和“全部”选项卡。

窗体的常用属性有以下几种。

● 标题:表示在窗体标题栏上显示的文本。

● 记录选定器:决定窗体显示时是否具有记录选定器。

● 导航按钮:决定窗体运行时是否具有记录导航按钮。

● 记录源:指明该窗体的数据源,指定之后,窗体即与数据源绑定。

● 允许编辑、允许添加、允许删除:它们分别决定窗体运行时,是否允许对数据进行编辑修改、添加或删除操作。

● 数据输入:指定是否允许打开绑定窗体进行数据输入。

“事件”属性是对象可以感知的外部动作,如窗体被打开或关闭,命令按钮被单击或双击。对象的事件会触发由宏或代码来实现的事件过程,因此通过对象事件可以完成多种操作和任务。当然,不同的对象有不同的事件集合,窗体常用的事件有打开、关闭和加载等;命令按钮控件常用的事件有单击、双击、鼠标按下、鼠标移动和鼠标释放等;文本框控件常用的事件有更新前、更新后、获取焦点和失去焦点等。

6.2　创建窗体

创建窗体的方法可以归结为 3 类:自动创建窗体、使用“窗体向导”按钮创建窗体、使用设计视图创建窗体。

6.2.1 自动创建窗体

自动创建窗体有两个步骤,第一步是选中表或查询,第二步是通过单击"窗体"按钮或者选择"其他窗体"下拉列表中的命令,自动创建窗体。

1."窗体"按钮

"窗体"按钮将根据用户所选定的表或查询自动创建窗体。用这种方法创建的窗体是单个窗体。当选中的表中已经关联了从表时,将会在自动生成的窗体中产生子窗体。

例 6-1 演示

图 6-3 "其他窗体"
下拉按钮

例 6-1 使用"窗体"按钮,自动创建"学生"窗体。

操作步骤:

(1) 在导航窗格的表列表中,选中"学生表"。

(2) 在功能区的"窗体"组中单击"窗体"按钮,自动生成与"学生表"同名的单个窗体。

2."其他窗体"下拉按钮

"其他窗体"下拉按钮又包括 4 个命令,如图 6-3 所示。

1)"多个项目"命令

"多个项目"命令用于创建像表一样布局的窗体,字段名称在第 1 行,下面是数据记录行,可以创建表格式窗体。

利用"多个项目"命令创建窗体的方法与利用"窗体"按钮创建窗体的操作步骤一样,但创建的窗体的效果不一样。多个项目窗体通过行与列的形式显示数据,一次可以查看多条记录。多个项目窗体提供了比表更多的自定义选项,如添加图形元素、命令按钮和其他控件功能。

2)"数据表"命令

"数据表"命令用于创建数据表窗体,以紧凑的形式显示多条记录。

3)"分割窗体"命令

"分割窗体"命令用于创建一种分割窗体,它同时提供单个窗体视图和数据表视图,这两种视图连接到同一数据源,并且总是保持相互同步。如果在窗体的一个部分中选择了一个字段,则会在窗体的另一部分中选择相同的字段。可以在任意一个部分中添加、编辑或删除数据。利用"分割窗体"命令与利用"窗体"按钮创建窗体的操作步骤是一样的,只是创建的窗体的效果不一样。

4)"模式对话框"命令

"模式对话框"命令用于创建对话框窗体,窗体运行时总是浮在系统界面的最上面,默认有"确认"和"取消"按钮。如不关闭该窗体,就不能进行其他操作,登录窗体就属于这种窗体。

6.2.2 使用"窗体向导"按钮创建窗体

使用"窗体向导"按钮,能够简单、快捷地创建窗体,可以创建单个窗体、表格窗体和数据表窗体。用户可以通过选择对话框中的各种选项来设计窗体,向导将引导用户完成创建窗体的任务,并让用户在窗体上选择所需要的字段、最合适的布局及窗体所具有的背景样式等。基本步骤是:首先,通过窗体向导选择窗体类型和数据源;其次,选择字段;最后,设置窗体布局。

　　例 6-2　使用"窗体向导"按钮,创建以"专业表"和"学生表"为数据源的主/子窗体,如图 6-4 所示。在"专业"主窗体中显示"专业编号"和"专业名"字段。设置"学生子窗体"的视图为数据表窗体,并显示"学号""姓名"和"年级"字段。

例 6-2 演示

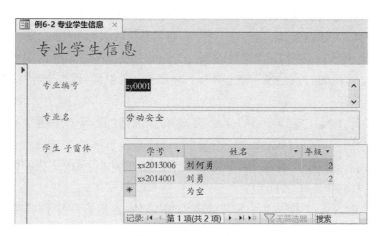

图 6-4　使用窗体向导创建的主/子窗体

　　操作步骤:

　　(1)在"窗体"组中单击"窗体向导"按钮,打开"窗体向导"对话框。选择"专业表"和"学生表"作为数据源,并添加题目要求的字段。

　　(2)选择"通过专业"查看学生的方式呈现窗体(**注意:**"专业表"和"学生表"之间是一对多联系),并选择"带有子窗体的窗体"单选按钮,如图 6-5 所示。

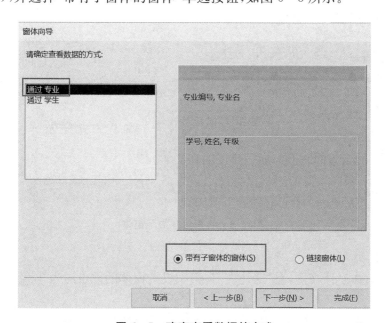

图 6-5　确定查看数据的方式

（3）选择"数据表"为子窗体的布局方式，按窗体向导完成窗体创建。系统会自动生成名称为"学生 子窗体"的窗体，作为主窗体的子窗体。

6.2.3 使用设计视图创建窗体

在设计视图中，允许用户自由绑定数据源，即创建绑定窗体；然后手动添加控件，并建立控件与数据源之间的联系。另外，使用设计视图亦可以创建非绑定窗体，即不与任何基本表或查询相关联的窗体。

1. 窗体工具

打开窗体设计视图时，在功能区选项卡上会出现"表单设计""排列"和"格式"3 个上下文选项卡。

（1）窗体设计工具："表单设计"上下文选项卡包括"视图""主题""控件""页眉/页脚"和"工具"5 个组。

（2）对齐和排列工具："排列"上下文选项卡包括"表""行和列""合并/拆分""移动""位置"和"调整大小和排序"6 个组。

（3）格式设置工具："格式"上下文选项卡包括"所选内容""字体""数字""背景"和"控件格式"5 个组。

例 6-3 演示

例 6-3 在窗体设计视图中，创建一个用于显示"学生表"中数据的窗体，要求窗体中显示"学号""姓名""性别""出生日期""年级"和"籍贯"字段，如图 6-6 所示。

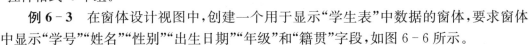

学号	姓名	性别	出生日期	年级	籍贯
xs2022001	李小荷	女	2004-12-15	3	山西
xs2022066	张斌	男	2004-9-3	3	陕西
xs2023002	吴浩楠	男	2005-11-22	2	山东
xs2023003	张吴明	男	2005-1-2	2	山西
xs2023004	王温雅	女	2004-1-1	2	陕西
xs2023005	李珺	女	2004-12-25	2	山东
xs2023006	刘何勇	男	2004-2-5	2	山东
xs2024001	蔡勇	男	2005-5-8	1	北京
xs2024002	张飞鹏	男	2005-10-12	1	天津
xs2024101	张宇飞	男	2006-12-5	1	北京
*	为空				北京

图 6-6 学生信息显示窗体

操作步骤：

（1）进入窗体设计视图，在"属性表"窗格中设置窗体的记录源为"学生表"（即绑定窗体的数据源）。

（2）单击功能区中的"添加现有字段"按钮，打开字段列表窗格。

（3）选择字段。单击选中第一个需要添加的字段，按住 Shift 键，单击最后一个需要添加的字段，这样，就选中了多个连续的字段；或者，单击选中第一个需要添加的字段，然后按住"Ctrl"键，单击其他字段，可选中多个不连续的多个字段。

（4）选择字段之后，松开"Shift"键或"Ctrl"键，在选中的字段上按住鼠标左键，并将字段拖动到窗体的主体节中。另外，双击字段列表窗格中的字段，也可以添加字段。

（5）选中所有控件，在"排列"上下文选项卡下将"表"组中的排列方式设置为"表格"。

（6）调整窗体属性中"格式"的"默认视图"为"表格式窗体"（或连续窗体），完成窗体设计。

注意：

（1）窗体的默认视图可以在窗体的"属性表"窗格中进行更改，用户可以在单个窗体、连续窗体、数据表窗体和分割窗体之间转换。

（2）添加字段后，会自动添加标签标识文本框等控件的含义。

（3）如果需要单独移动文本框控件而使附加的标签控件不动，则需要选中文本框控件左上角的黑色方块，然后拖动鼠标移动文本框控件。

2. 窗体中的控件

控件是窗体或报表中显示数据、执行操作、装饰窗体或报表的对象。例如，可以在窗体或报表中使用文本框显示数据，在窗体上使用命令按钮打开另一个窗体或报表，或者使用线条或矩形来分隔与组织控件，以增强可读性。

可以通过窗体设计视图的控件工具箱访问各类控件，如图 6-7 所示。在添加窗体控件时，需要选中图 6-7 中的"使用控件向导"命令，以便在插入控件时，使用"控件向导"对话框引导完成新控件的创建。按照控件与数据源之间的关系，控件可以分为绑定型控件、未绑定型控件和计算型控件 3 种。

图 6-7　控件工具箱中的各种控件按钮

（1）绑定型控件与表或查询中的字段相连，可用于显示、输入及更新数据库中的字段。例如，窗体中显示学生姓名的文本框可以从"学生表"中的"姓名"字段获得信息，也可以直接在窗体中修改"姓名"字段。另外，复选框、选项按钮和切换按钮等控件也可用于绑定数据源。

（2）未绑定型控件则没有数据来源，其"控件来源"属性没有绑定字段或表达式。未绑定型控件有标签、线条、矩形和图形等，如窗体页眉中显示窗体标题的标签就是未绑定型控件。

（3）计算型控件则以表达式而不是字段作为数据来源，表达式可以使用窗体绑定的表或查询中字段的数据，或者窗体上其他控件中的数据。例如，可以在文本框中输入表达式"=［考试成绩］* 0.7"，即将"考试成绩"字段的值乘以 0.7 的结果赋予此文本框。

6.3　窗体中的控件

6.3.1　文本框控件

文本框用于显示、输入、编辑窗体或报表的数据源数据，还可以显示计算结果或接收用户所输入的数据。文本框有绑定、未绑定和计算控件 3 种类型。使用文本框来显示数据源中的数据，称为绑定文本框，因为它与某个字段中的数据相绑定。文本框也可以是未绑定的，未绑定文本框中的数据不会被系统自动保存。另外，当文本框的"控件来源"属性为一个表达式时，此文本框即为一个计算控件，这也是最常用的计算控件。文本框控件的常用属性如下。

● 控件来源：用于设定一个绑定文本框控件时，它必须是窗体数据源表或查询中的一个字段；用于设定一个计算文本框控件时，它必须是一个计算表达式；用于设定一个未绑定文本框控件时，等同于一个标签控件。

● 输入掩码：用于设定文本框控件的输入格式，仅对文本型或日期/时间型数据有效。

● 默认值：用于设定计算文本框控件或未绑定文本框控件的初始值。

● 有效性规则：用于设定在文本框控件中输入数据的合法性检查表达式。

● 有效性文本：当输入的数据违背了有效性规则时，即显示有效性文本中的提示信息。

● 可用：用于指定该文本框控件是否能够获得焦点。

● 是否锁定：用于指定是否可以在窗体视图中编辑控件数据。

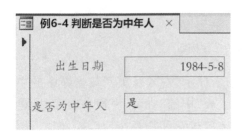

图 6-8　未绑定窗体

例 6-4　创建如图 6-8 所示的未绑定窗体，在窗体内创建两个未绑定文本框。依据第一个文本框输入的出生日期，判断此人是否为中年人。条件为：当年龄大于等于 40 岁时，显示为"是"，否则显示"不是"。

操作步骤：

（1）在窗体的设计视图中，创建第一个文本框，名称为"Text1"，附加标签的名称为"Label1"，附加标签的标题为"出生日期"。"Text1"文本框为未绑定型控件,其格式为"常规日期"。

(2) 在窗体的设计视图中,创建第二个文本框,名称为"Text2",附加标签的名称为"Label2",附加标签的标题为"是否为中年人"。在"Text2"文本框中输入表达式"=IIF(Year(Now())-Year([Text1])>=40,"是","不是")"。

(3) 运行窗体,在"Text1"文本框中输入出生日期"1984/5/17"并回车,就会在"Text2"文本框中显示此人"是"中年人。

例 6-5　创建绑定到"学生表"的窗体,在窗体页眉节统计学生人数,在窗体页脚节统计学生入学成绩的平均值,如图 6-9 所示。

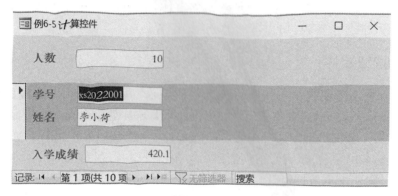

图 6-9　计算控件——数据统计

操作步骤:

(1) 在窗体设计视图中,绑定窗体的"记录源"属性值为"学生表",并将"学生表"的"学号"和"姓名"字段添加到主体节中。

(2) 在窗体页眉节中,添加文本框控件作为计算控件,利用 Count 函数统计学生的人数,表达式为"=Count(*)"或"=Count([学号])"。

(3) 在窗体页脚节中,添加文本框控件作为计算控件,利用 Avg 函数计算学生奖学金的平均值,表达式为"=Avg([入学成绩])"。

注意:本题中,不可把计算控件添加到页面页眉节和页面页脚节,否则,此控件只有在打印或打印预览时才能显示。

在表达式中引用字段时,需用"[ ]",如"=Count([学号])"。

6.3.2　标签控件

使用标签用于显示说明性文字,如显示页眉标题或简短的提示标签。如果需要在窗体的标签上显示的文本超过一行,可以在输入完所有文本后重新调整标签的大小,或者可以在第一行文本的结尾按下"Ctrl"+"Enter"组合键输入一个回车符。标签的最大宽度取决于第一行文本的长度。

标签也能附加到另一个控件上,用于显示该控件的说明性文本。例如,创建文本框时将有一个附加的标签显示此文本框的标题,此标签在窗体的数据表视图中显示为字段标题。在使用标签工具创建标签时,此标签将单独存在并不附加到任何其他控件上。可以使用单独的标签显示信息,如显示窗体、报表的标题或其他说明性文本。单独的标签在数据表视图中并不显示。

标签控件的常用属性如下。

- 标题:表示标签中显示的文字信息。
- 名称:控件在数据库中的唯一标识符。
- 特殊效果:用于设定标签的显示效果。
- 背景色、前景色:分别表示标签显示时的底色、标签中文字的颜色。
- 字体名称、字号、字体粗细、下划线、倾斜字体:这些属性值用于设定标签中显示文字的字体、字号、字形等参数,可以根据需要适当配置。

6.3.3 命令按钮控件

在窗体上,命令按钮提供了执行各种操作的方法,其外观也会有相应的视觉效果。例如,利用命令按钮打开窗体、查找记录、打印记录或套用窗体筛选。使用命令按钮向导可以创建 30 多种不同类型的命令按钮,加速创建命令按钮的处理过程。在使用命令按钮向导时,Microsoft Access 将为用户创建命令按钮及事件过程。

例 6 - 6　创建学生信息编辑窗体,并修改为如图 6 - 10 所示的样子,使得窗体可以用于编辑"学生表"的记录。

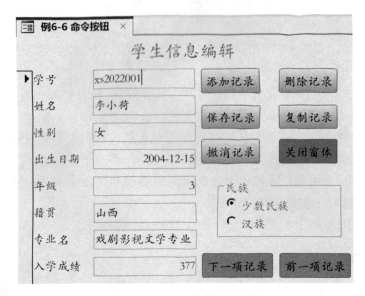

图 6 - 10　学生信息编辑窗体

操作步骤:

(1) 在窗体的设计视图下,绑定窗体的记录源为"学生表",并添加"学生表"中的相应字段,如图 6 - 10 所示。

(2) 在设计视图中添加命令按钮,打开"命令按钮向导"对话框。

（3）在"命令按钮向导"对话框中，分别添加"记录操作""记录导航"和"窗体操作"3
类命令按钮，并设置在命令按钮上显示文本，依据向导完成设置。

> **自我实践 13**
>
> （1）针对例 6-6，在主体节中添加一个"杂项"中的"运行查询"命令按钮，单
> 击该命令按钮可以运行名为"例 4-20 按指定姓氏查找"的参数查询。
> （2）针对例 6-6，在主体节中添加一个"窗体操作"中的"打开窗体"命令按
> 钮，单击该命令按钮可以打开课程表窗体。在课程表窗体上添加一个"关闭窗体"
> 命令按钮，单击该命令按钮可以关闭当前窗体。

6.3.4　选项卡控件

可以使用选项卡控件在同一区域定义多个页面，展示单个集合中的多页信息，也可
以通过插入分页符的方式创建多页窗体。新插入的选项卡控件默认包含两个页。选项
卡控件的常用属性如下。

● 标题：指定选项卡上的显示文本，如果不在"标题"属性中指定标题，则 Access 将
使用"名称"属性中的名称。

● 多行：指定选项卡控件是否能有一个以上的行，如果"多行"属性设置为否，则在它
们超过选项卡控件的宽度时，Access 将截短选项卡，并增加滚动条。

● 样式：指定在选项卡控件上方的显示内容，可以显示选项卡命令按钮或不显示任
何内容。如果要在选项卡控件外，使用窗体上的命令按钮以确定获得焦点的页，可以不
显示任何内容。

● 选项卡固定高度：用 Windows"控制面板"中指定的测量单位衡量的选项卡高度。
如果值是 0，则每一选项卡将自动设置高度。

● 选项卡固定宽度：用 Windows"控制面板"中指定的测量单位衡量的选项卡宽度。
如果值是 0，则每一选项卡将自动设置宽度，并且如果选项卡有多行，选项卡的宽度将增
加，使每一行都能扩展到选项卡控件的宽度。如果值大于 0，则所有选项卡将该属性指定
为相等的宽度。

● 图片：用来将图像添加到选项卡上。选项卡控件能包含位图，但是不能包含
Windows 图元文件图像，显示在"标题"属性指定的文本的左边。如果只要显示图像而不
显示文本，则在"标题"属性中输入一个空格。

利用选项卡控件可以在多个页面间切换。如果需要插入新的页，可以通过控件工具
箱中的"插入页"添加，也可以通过右击选项卡时打开的快捷菜单添加。如果需要删除页
或对页次序进行调整，也可通过上述快捷菜单完成。

例 6-7　使用选项卡控件分别显示两页内容，一页是"学生信息"，另一页是"课程成
绩"，如图 6-11 所示。

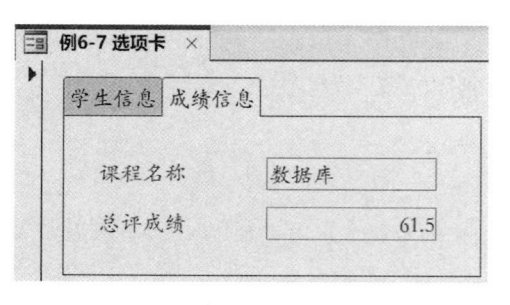

图 6-11 利用选项卡控件显示
学生选修课程信息

操作步骤:

(1) 根据题目要求,此窗体的数据源于"学生表""成绩表"和"课程表",因窗体的"记录源"属性只能有一个值,故窗体的"记录源"只能为一个查询。可以预先创建一个查询,或者单击"记录源"行的 --- 按钮,创建嵌入窗体的查询作为记录源。要求查询的数据项为"学号""姓名""课程名称"和"总评成绩"4 个数据项。

(2) 添加选项卡控件,选中选项卡控件里的页,分别修改"页 1"和"页 2"的"标题"属性为"学生信息"和"成绩信息"。

(3) 选中"学生信息"页,通过拖曳操作为本页添加"学号"和"姓名"两个控件。

(4) 选中"成绩信息"页,通过拖曳操作为本页添加"课程名称"和"总评成绩"两个控件。完成窗体及控件的创建。

自我实践 14

建立一个"学生信息查询",包含"学号""姓名""性别""出生日期""入学成绩""课程名称""学时""是否必修"和"成绩"字段。建立一个包含选项卡的窗体,其数据源为"学生信息查询",该窗体包含 3 个选项卡,分别显示学生、课程和成绩的信息。

6.3.5 复选框、选项按钮和切换按钮控件

复选框、选项按钮和切换按钮在窗体中均可以作为单独的控件使用,用于显示表或查询中的是/否型数据。当选中或按下控件时,相当于"是"状态,否则相当于"否"状态。

例 6-8 创建绑定到"学生表"的窗体,添加"学号""姓名"和"专业名"三个字段。分别用复选框、选项按钮和切换按钮来显示"学生表"中的"是否少数民族"字段,如图 6-12所示。

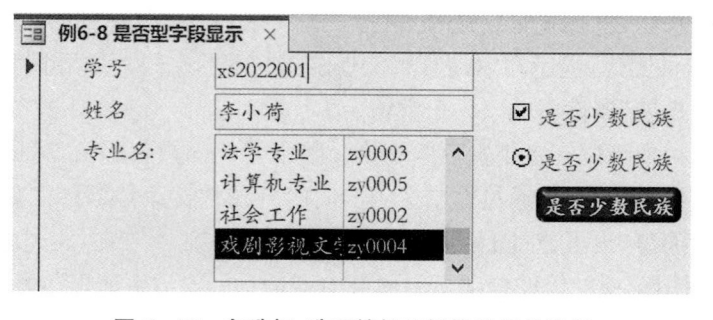

图 6-12 复选框、选项按钮和切换按钮的使用

操作要点：

添加如题要求的 3 个控件，3 个控件分别绑定到"是否少数民族"字段，即分别设置它们的"控件来源"属性为"是否少数民族"字段。

6.3.6 组合框和列表框控件

在许多情况下，从列表中选择一个值要比记住一个值后输入它更快、更容易，Access 提供了列表框和组合框控件，帮助用户方便地输入值并确保用户在字段之中输入的值是正确的。在窗体中，组合框就如同文本框和列表框合并在一起，所以列表框具备的特征组合框也有。在组合框中输入文本或选择列表框的某个值时，如果该组合框或列表框是绑定的，则输入或选择的值将插入控件所绑定的字段内。

1. 列表框

列表框中的列表是由数据行组成的，在列表框中可以有一个或多个字段，每栏的字段标题可以有，也可以没有。列表框中的列表随时可见，并且控件的值被限制为列表中可选的项目。

2. 组合框

使用组合框可占用较少空间，可在其中输入新值，也可从列表中选择值，可以在组合框中输入值的开头几个字母，以便快速地查找到这个值。组合框有"限于列表"属性，可以使用该属性控制列表中能输入的数值或仅能在列表中输入符合某值的文本。

3. 列表框和组合框的属性

列表框和组合框的常用属性如下。

● 行来源类型：与"行来源"属性一同运行，指定行来源的类型为表/查询、值列表或字段列表。

● 行来源：如果"行来源类型"属性设置为"表/查询"，则指定表、查询或 SQL 语句的名字；如果"行来源类型"属性设置为"值列表"，则指定列表的输入项，以分号来分隔；如果"行来源类型"属性设置为"字段列表"，则指定表或查询的名称。

● 绑定列：在绑定多列列表框或组合框中，指定哪个字段是与"控件来源"属性中指定的基础字段相绑定的，选定列表中的项目时字段中的数据将保存到字段内。如果隐藏了字段，则这个数据可能会和显示在列表上的有所不同。

● 列数：指定列表框或组合框的列数，可以通过设置"列宽"属性，使一列包含在列表内但不显示在列表中。可以在列表中包含编号字段，但将它隐藏起来。在组合框中，列表中第一个可见列显示在组合框的文本框部分。

● 列宽：指定每列的宽度，以分号分隔输入，可以隐藏一列。输入分号而没有输入度量，表示使用默认值，大约 1 in 或 2.5 cm，与 Windows"控制面板"中设置的度量单位有关。在组合框中，第一个可见列显示在控件的文本框部分，在组合框中输入的任何值的数据类型必须与第一个可见列的数据类型相同或兼容。

● 列标题：决定组合框或列表框的基础行来源的字段名，是否用作组合框或列表框的列标题。只有当列表打开时，标题才会出现在组合框内。

- 列表宽度：指定组合框的列表框部分的宽度。
- 列表行数：指定显示在组合框的列表部分的最大行数。
- 限于列表：决定组合框是接收文本输入，还是只接收列表中的值。
- 自动展开：指定 Microsoft Access 是否自动填入符合组合框中输入字符的值，这项属性在表设计视图的"查阅"选项卡中是无效的。
- 显示控件：在窗体中添加查阅字段时，指定创建的控件组合框或列表框的默认类型。此属性仅在表设计视图中的"查阅"选项卡中可用。

4. 创建绑定列表框或组合框

在数据库管理系统中，如果在表中创建了查阅属性，则只需要创建一次列表框或组合框，就可以在任何窗体上使用相同的查阅列表了。如果不需要在多个窗体中使用相同的查阅列表，可以使用窗体设计视图中的"列表框向导"或"组合框向导"。

例 6 - 9 创建窗体并绑定到"学生表"，在窗体中显示"学生表"的"学号""姓名"和"专业名"字段，其中"专业名"字段的显示分别使用列表框和组合框，如图 6 - 13 所示。

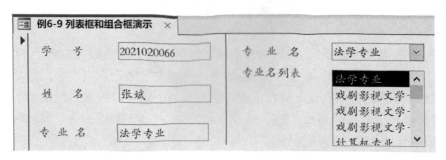

图 6 - 13 列表框和组合框的应用

操作步骤：

（1）在窗体的设计视图中，将窗体的"记录源"属性设置为"学生表"。

（2）在窗体的设计视图中，添加"学号""姓名"和"专业名"3 个字段。

（3）在窗体的设计视图中，添加列表框和组合框控件，并取消使用"列表框向导"和"组合框向导"。分别将列表框和组合框控件与"专业名"字段绑定，即将控件的"控件来源"属性设置为"专业名"字段。此时，组合框和列表框中值的修改会保存到"专业"字段。

（4）设置"行来源类型"属性值为"表/查询"，设置"行来源"属性值为"Select 学生.专业 From 学生"。

6.3.7 选项组控件

选项组控件是包含同一类控件的容器控件，它由一个框架及一组复选框、选项按钮或切换按钮组成，用于显示一组选项值。可以使用选项组来显示一组限制性的选项值，只要单击选项组所需的值，就可以为字段选定数据值。在选项组中每次只能选择一个选项，而且选项组的值只能是数字。

例 6 − 10 新建窗体，并将窗体绑定到"学生表"。在窗体中添加"学号""姓名"和"是否少数民族"3 个字段。使用控件向导创建一个选项组控件，用于编辑或显示"学生表"中的"是否少数民族"字段，如图 6 − 14 所示。

图 6 − 14 为字段创建选项组控件

操作步骤：

（1）进入窗体设计视图，通过"属性表"窗格设置窗体的"记录源"属性为"学生表"。

（2）单击功能区中的"添加现有字段"按钮，打开字段列表，添加"学号""姓名"和"是否少数民族"3 个字段。

（3）添加选项组控件，标签名称为"少数民族"和"汉族"，设置"少数民族"标签对应的选项按钮的值为"−1"，"汉族"标签对应的选项按钮的值为"0"，分别对应"是否少数民族"字段的两个取值。将选项组控件与"是否少数民族"字段进行绑定，即设置选项组控件的"控件来源"属性值为"是否少数民族"。

（4）运行并查看窗体中"是否少数民族"复选框的值与选项组控件的值是否相同。

6.3.8 图表控件

图表窗体能够更直观地显示表或查询中的数据，可以使用图表控件并在"图表向导"的引导下创建图表窗体。与数据表窗体一样，图表窗体也可以作为子窗体出现，从而在主窗体和子窗体之间形成一对多联系。如可以将"专业表"作为主窗体，将实现学生信息统计的图表作为子窗体。

例 6 − 11 创建未绑定窗体，在窗体的设计视图中插入图表显示学生的入学成绩，图表以"学生表"为数据源并选择"姓名"和"入学成绩"两个字段，如图 6 − 15 所示。

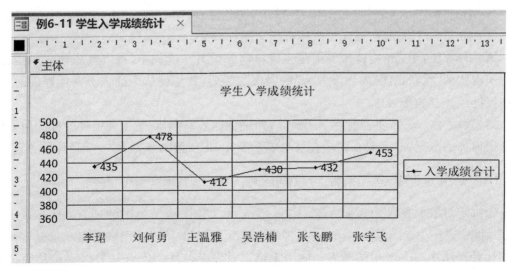

图 6 − 15 图表控件的使用

操作步骤：

（1）在窗体的设计视图下，利用"图表向导"对话框，插入图表控件且设置其数据源为"学生表"。

（2）选择用于图表的字段"姓名"和"入学成绩"。

（3）选择图表类型为"折线图"，并设置 X 轴为"姓名"字段，"入学成绩"的汇总方式为"合计"，系列值为"空"，依次完成设置。

6.3.9 子窗体/子报表控件

创建主/子窗体有两种方法，一种方法是使用"窗体向导"同时建立主窗体和子窗体，另一种方法是先建立主窗体，然后利用设计视图添加子窗体控件。

例 6-12 创建一个显示学生信息的主窗体，然后，在主窗体的设计视图下，增加一个子窗体来显示每个学生的选课情况，如图 6-16 所示。

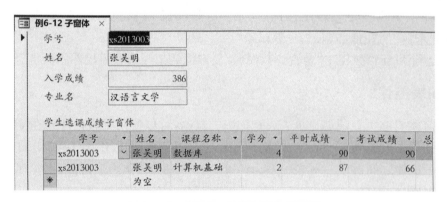

图 6-16 子窗体/子报表控件的使用

操作步骤：

（1）创建绑定"学生表"的主窗体，并添加"学号""姓名""入学成绩"和"专业名"4 个字段。

（2）插入子窗体控件，插入子窗体有如下两种方法。

第一种方法：主/子窗体中的子窗体可以预先设置。本例中，可以首先建立子窗体，并将子窗体的"默认视图"属性设置为"数据表"；然后，在主窗体中插入子窗体控件时，直接选择已经建立的子窗体。

第二种方法：不需要提前建立子窗体，而是在插入子窗体/子报表控件的控件向导中选择子窗体的数据源（表或查询），直接生成子窗体，并依据向导完成主/子窗体的创建。

6.3.10 未绑定对象框和绑定对象框控件

未绑定对象框控件可以显示链接，可以显示没有存储于表中的图片、图表或任意 OLE 对象，当在记录间移动时，该对象将保持不变。例如，可以使用未绑定对象框控件显示创建并存储在 Graph 中的图表。使用未绑定对象框控件的优点是可以直接从窗体或报表中编辑对象。

4. 在窗体的设计视图中,必须包含的部分是(　　)。

A. 主体　　　　　　　　　　　　　B. 窗体页眉和窗体页脚

C. 页面页眉和页面页脚　　　　　　D. 以上 3 项都要包括

5. 已经在 Access 2021 中建立了"学生表",其中有"照片"字段。在使用空白窗体为该表建立窗体时,"照片"字段所使用的默认控件是(　　)。

A. 绑定对象框　　　B. 未绑定对象框　　　C. 标签　　　　　　　D. 图像

6. 下面不是文本框"事件"的属性的是(　　)。

A. 更新前　　　　　　B. 加载　　　　　　C. 退出　　　　　　　D. 单击

7. 下面不是窗体的"数据"的属性的是(　　)。

A. 允许添加　　　　　B. 排序依据　　　　C. 记录源　　　　　　D. 自动居中

二、填空题

1. 窗体的数据源可以是_____或_____。

2. 窗体通常由窗体页眉、窗体页脚、_____、页面页眉和页面页脚 5 部分组成。

3. 如果窗体上输入的数据来自表、查询或固定内容的数据,可以使用_____或列表框控件来完成。

4. 选项组中的复选框控件一般对应的字段类型是_____型。

三、简答题

1. 窗体的功能是什么? 窗体有几种类型?

2. 在 Access 中,窗体有几种视图?

3. 创建窗体的方法主要有哪些? 简述方法和步骤。

4. 创建主/子窗体的方法有哪些? 简述方法和步骤。

5. 简述各类常见控件的用途。

第7章

报　　表

本章包括报表概述、创建报表、报表的分组与计算、报表美化和报表应用举例 5 个部分。学习者需要了解报表的功能、报表的视图和报表的结构,熟练掌握报表的创建及报表的编辑和美化的步骤和方法。报表的主要目的是用于数据的处理、呈现和打印等,即本章前 4 部分的内容,本章第 5 部分利用"报表向导"创建报表,完整给出了报表创建的基本过程。

7.1　报表概述

报表的创建过程与窗体的创建过程基本上是一样的,只是创建的目的不同而已。窗体用于实现用户与数据库系统之间的交互操作,而报表主要是把数据库中的数据清晰地呈现在用户面前。

7.1.1　报表分类

报表是一种数据库对象,其数据来自表、查询或 SQL 语句,数据库的打印工作就是通过报表对象来实现的。报表具有以下功能。

(1) 呈现格式化的数据:报表允许将表或查询的数据按照设计的方式打印。

(2) 数据分组处理:报表可以完成比较和汇总数据的任务。

(3) 其他功能:如提供单个记录的详细信息,创建标签等。

在 Access 中,常用的报表包括表格式报表、图表报表和标签报表 3 大类。

表格式报表以表格形式打印和输出数据,可以对数据进行分组汇总,是报表中较常用的类型。

图表报表的优点是可以直观地描述数据。Access 系统提供了以插入控件的方式创建图表报表的方式。

标签可以在一页中建立多个大小、样式一致的卡片,大多用于表示产品价格、个人地址、邮件等简短信息。Access 将其归入报表对象中,并提供了创建向导。

7.1.2　报表视图

布局视图中是运行状态的报表,显示数据的同时可以调整报表的设计,调整列宽和位置,向报表添加分组级别和汇总选项;报表视图用于显示报表内容,对报表中的记录进行筛选、查找等;打印预览是报表运行时的显示方式,与报表的实际打印效果一致;在设计视图中可以自行设计报表,也可以修改报表的布局。报表有 4 种视图,如图 7 - 1 所示。

图 7 - 1　Access 2021 报表
视图类型

图 7 - 2　设计视图中报表的
基本组成

在报表的设计视图中,报表是按节来设计的,每一个部分称为一个节。每一节左边的小方块是相应的节选定器,报表左上角的小方块是报表选定器,双击相应的选定器可以打开"属性表"窗格,设置相应节或报表的属性。报表及其控件的属性设置与窗体类似。一般来讲,我们假定报表与诸如表或查询等数据源相绑定,指定报表的"记录源"属性即为绑定报表。当然,也可以创建不显示数据的未绑定报表。

除了报表页眉、页面页眉、主体、页面页脚、报表页脚 5 个基本部分(见图 7 - 2)之外,报表中还可以添加组页眉和组页脚,用于分组统计。

(1) 报表页眉:通常在首页打印,设置为单独一页,可以有图片和图形。报表页眉位于报表开头,用于显示一般出现在封面上的信息,如徽标、标题或日期。在报表页眉中使用"总和"聚合函数的计算控件时,将计算整个报表的总和。

(2) 页面页眉:使用页面页眉可在每页上重复报表标题,位于每页的顶部。显示列标题(字段名称)、分组名称和报表的页标题。

(3) 组页眉:使用组页眉可显示组名,位于每个新记录组的开头。例如,在按产品分组的报表中,使用组页眉可以显示产品名称。当在组页眉中放置使用"总和"聚合函数的计算控件时,将计算当前组的总和。一个报表上可具有多个组页眉,具体取决于已添加的分组级别数。

(4) 主体:此位置用于放置组成报表主体的各类控件,显示数据内容。对记录源中的每个行显示一次。

(5) 组页脚:使用组页脚可显示组的汇总信息,位于每个记录组的末尾。一个报表上可具有多个组页脚,具体取决于已添加的分组级别数。

（6）页面页脚:使用页面页脚可显示页码、时间、制表人或每页信息。其位于每页底部输出。

（7）报表页脚:在设计视图中,报表页脚显示在页面页脚下方,位于报表末尾。但是,在所有其他视图(如布局视图、打印预览或报表视图)中,报表页脚显示在页面页脚的上方,紧接在最后一个组页脚或最后页上的主体之后。

7.2 创建报表

与创建窗体类似,一般情况下,都先用"自动创建报表"和"报表向导"创建报表,然后切换到设计视图,对报表进行修改。

7.2.1 报表创建步骤

在 Access 中创建报表,可以按照以下步骤进行。

步骤 1:选择记录源。

报表的记录源可以是表或者查询(命名查询或嵌入式查询)。记录源必须包含要在报表上显示数据的所有行和列。

如果数据来自表或查询,在"导航窗格"中选择相关表或查询,然后继续执行步骤 2。如果记录源尚不存在,则执行下列操作之一。

（1）继续执行步骤 2 并使用"空报表"工具。

（2）创建包含所需数据的表或查询。在导航窗格中选择相关查询或表,然后继续执行步骤 2。

步骤 2:选择报表工具。

报表工具位于功能区的"创建"选项卡上的"报表"组中,报表工具的介绍如表 7 - 1 所示。

表 7 - 1　报表工具及其说明

工　具	说　　　明
报表按钮	创建简单的表格式报表,其中包含在导航窗格中选择的记录源中的所有字段
报表向导	显示一个多步骤向导,允许指定字段、分组/排序级别和布局选项
空报表	在布局视图中打开一个空报表,并显示"字段列表"(可以在其中将字段添加到报表)
标签向导	显示一个向导,允许选择标准或自定义的标签大小、要显示哪些字段以及希望这些字段采用的排序方式
报表设计	在设计视图中打开一个空报表,可在该报表中添加所需字段和控件

步骤3：创建报表。

单击与要使用的工具所对应的按钮。如果出现向导，则按照向导中的步骤操作，然后单击最后一页上的"完成"按钮。

（1）Access在布局视图中显示所创建的报表。

（2）格式化报表以获得所需外观：① 调整字段和标签的大小，方法是选择字段和标签，然后拖动边缘直到达到需要的大小，或者在字段或标签的属性中完成设置；② 移动字段和标签，方法是选择一个字段及其标签（如果有），然后拖到新位置；③ 右击一个字段，使用快捷菜单上的命令合并或拆分单元格、删除或选择字段，以及执行其他格式化任务。此外，还可使用报表美化的功能使报表更加美观易读。

7.2.2 报表创建方法

报表的创建方法基本上遵循"选择数据源、选择报表工具和创建报表"3个步骤，下面介绍报表创建的具体方法。

1. 自动创建报表

自动创建报表只能基于一个表或一个查询，并自动输出给定表或查询中的所有字段和记录。当使用一个表的部分数据或多个表的数据时，先要生成单表或多表查询，再建立报表。以自动报表的方式创建"课程报表"，步骤如下。

（1）在导航窗格中单击表或查询，选择数据来源，此处选择"课程表"。

（2）单击"报表"按钮，生成表格式报表，适当调整，如图7-3所示。可以使用来自数据来源中的所有字段，这是构造报表最方便、最快捷的方法。

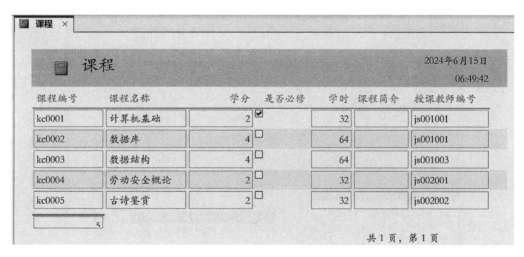

图7-3 自动创建报表

（3）单击"关闭"按钮并保存后，在导航窗格上双击可以打开报表，切换到设计视图可进行报表修改。

2. 用向导创建报表

例7-1 以"例4-16学生选课成绩查询"为数据源，利用"报表向导"创建"学生选课成绩"报表,效果如图 7-4 所示。可以选择以学生查看结果(即按学生分组),或者选择以课程查看结果(即按课程分组)。

图 7-4 学生选课成绩报表

操作要点:

在"创建"选项卡下,单击"报表向导"按钮,打开"报表向导"对话框,选择"例 4-16 学生选课成绩查询"为数据源,添加字段,如图 7-5 所示,最后单击"完成"按钮。

图 7-5 为报表选择数据源并添加字段

例 7-2 演示

3. 标签向导

标签报表可用于制作各类卡片、证件等内容,一般可通过标签向导来创建标签报表。

例 7-2 利用标签向导,制作学生信息标签,其中包括学号、姓名、籍贯、专业名等信息。

操作步骤：

（1）在导航窗格中选中"学生表"。

（2）在"创建"选项卡下，单击"报表"组中的"标签"按钮，打开"标签向导"对话框，选择标签报表的尺寸和型号，如图 7-6 所示。

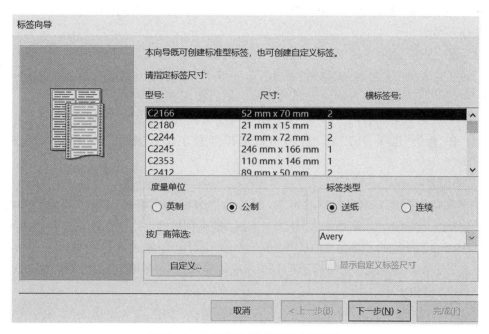

图 7-6　选择标签报表的尺寸和型号

（3）单击"下一步"按钮，依据向导对话框，依次确定标签的字体和颜色，指定标签显示的内容、排序字段、标签报表名称，单击"完成"按钮，实现标签报表的创建。

（4）在导航窗格中，右击此标签报表，选择"设计视图"命令切换到设计视图编辑标签报表。如图 7-7(a)所示，在设计视图中添加矩形框和直线两个控件并调整尺寸，用以修饰标签，编辑结果如图 7-7(b)所示。

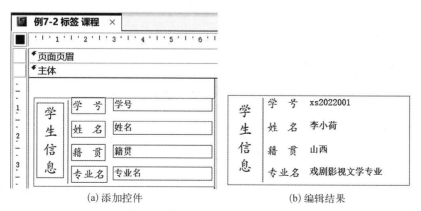

(a) 添加控件　　　　　　　　(b) 编辑结果

图 7-7　编辑标签报表及效果

4. 在设计视图中设计报表

利用自动创建报表和"报表向导"建立的报表，在布局上会有一些缺陷，需要加以修改。这时，需要将报表由"打印预览"切换到"设计视图"，进行修改或自行设计。

例 7 - 3 使用设计视图创建"学生选课成绩"报表，其数据源为嵌入的查询。查询需要显示学号、姓名、性别、课程名称、学分、平时成绩、考试成绩和总评成绩。

操作步骤：

（1）在"创建"选项卡的"报表"组中，单击"报表设计"按钮，打开报表的设计视图。

（2）在报表的"属性表"窗格的"数据"选项卡下，单击"记录源"行最后面的 ⌞---⌟ 按钮，打开"学生选课成绩：查询生成器"，并按照题目要求创建查询。

（3）关闭查询生成器，在设计视图中将查询所得到的字段添加到报表。

（4）在"排列"选项卡的"表"组中，可以选择排列方式为"堆积"或"表格"，完成报表设计。

5. 子报表

子报表是指嵌入其他报表中的报表，则其他报表称为主报表，嵌入其他报表中的报表为子报表。在创建主/子报表时，可以先通过"报表创建方法"一节的方法创建主报表，然后利用报表的子窗体/子报表控件添加子报表。利用"子报表向导"，选择子报表的数据来源是"表和查询"，或者是"使用现有的报表和窗体"。主报表和子报表中的数据可以有关系，也可以没关系。

例 7 - 4 创建一个主/子报表，主报表的数据源为"学生表"，显示学号、姓名和专业名。子报表为"成绩表"，用于查看学生选课情况，如图 7 - 8 所示。

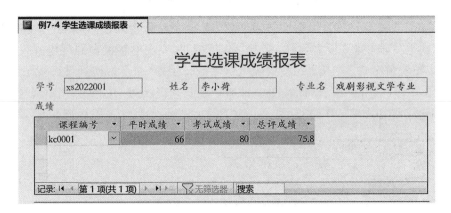

图 7 - 8　学生选课成绩报表

操作步骤：

（1）通过"报表创建方法"一节的方法创建主报表，设置主报表的"记录源"属性为"学生表"，并添加需要的字段。

（2）在主报表的设计视图中，添加子窗体/子报表控件并关闭"子报表向导"对话框，或者在添加控件之前取消控件向导选项。

（3）设置子报表的"源对象"属性为"表.成绩"（也可以是其他的数据库对象）。切换到报表视图、打印预览等其他视图查看效果。另外,查看子报表的"链接主字段"和"链接子字段"属性,确认主报表和子报表的关联字段为"学号"。

7.3 报表的分组与计算

将记录数据按照大小排列,就是排序。把具有相同属性的记录排列在一起,就是分组。计算表达式可以使用表达式生成器输入,也可以直接手工输入。Access 报表的分组功能易于使用,可以使用"报表向导"创建基本的分组报表,也可以在现有报表中添加分组和排序,或者修订已定义的分组和排序选项。

7.3.1 报表的排序与分组

信息在分组后往往更容易理解,可以在报表中各个节或各个组的结尾处进行汇总(如求和或求平均值),从而完成数据统计与分析工作。

1. 快速排序或分组

在报表中添加分组、排序或汇总的最快方法,就是在布局视图或设计视图中,右击要对其应用分组、排序或汇总的字段,然后选择快捷菜单上的所需命令,如图 7-9 所示。例如,要对"学号"字段进行分组,右击"学号"字段,然后选择"分组形式"命令。

例 7-5 将例 7-1 中的报表按总评成绩从大到小顺序输出。

操作要点:

在设计视图或布局视图下,右击"总评成绩"控件,在打开的快捷菜单中选择"降序"命令即可。

图 7-9 右击控件的快捷菜单片段

2. 使用"报表向导"分组

利用"报表向导"创建报表时,"报表向导"将提出一系列问题,然后根据回答生成报表。在这些问题中,需提供一个或多个用于对报表进行分组的字段。在开始使用"报表向导"之前,可以先确定数据源。

1)启动"报表向导"

(1)在"创建"选项卡上的"报表"组中,单击"报表向导"按钮,Access 将启动"报表向导"。

(2)单击"表/查询"下拉列表框并选择报表中要用到的表或查询。

(3)双击"可用字段"列表框中的字段以选择这些字段,Access 将它们移到"选定字段"列表框中。或者,可单击位于"可用字段"列表框和"选定字段"列表框之间的按钮,以添加或移除选定字段或所有字段,如图 7-10 所示。

(4)如果还要将其他表或查询中的字段放在报表上,则再次单击"表/查询"下拉列表框,并选择其他表或查询,然后继续添加字段。

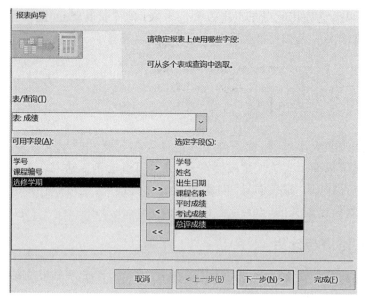

图 7‑10 在"报表向导"中选择字段

（5）添加完字段之后，单击"下一步"按钮。

2）使用"报表向导"分组记录

通过分组，可以按组（如按学号或课程）来组织和排列记录。组可以嵌套，这样便能轻松地确定各个组之间的关系，并迅速找到所需的信息。如图 7‑11 所示，在对话框右侧的页面中双击某个分组级别可将其移除，使用箭头按钮可添加和移除分组级别，或者通过单击向上或向下优先级按钮来调整分组的优先级。Access 中添加的每个分组级别，会嵌套显示在其父分组级别中。

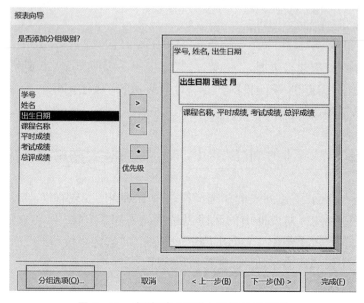

图 7‑11 在"报表向导"中添加分组级别

　　"分组间隔"用于自定义记录的分组方式,"报表向导"在"分组间隔"对话框的"分组间隔"下拉列表框中提供了与该字段类型相对应的选项。如图 7 - 11 所示,选择"出生日期"为分组字段,单击"分组选项"按钮,可打开如图 7 - 12 所示的"分组间隔"对话框。

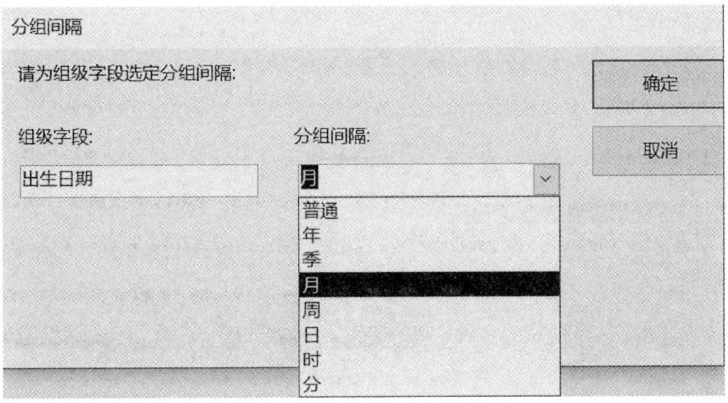

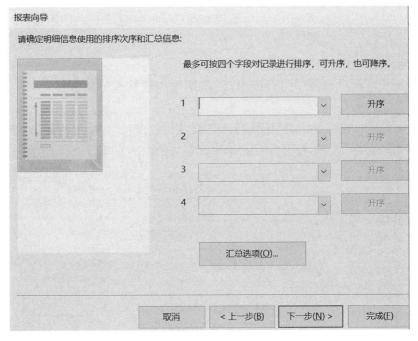

图 7 - 12　"分组间隔"对话框

　　如图 7 - 11 所示,记录将按"出生日期"字段分组。由于"出生日期"字段是日期/时间类型的,因此可以选择按实际值("普通")、"年""季""月""周""日""时"和"分"进行分组,如图 7 - 12 所示;如果字段是文本类型,则可以选择按整个字段进行分组,也可以按最前面的 1～5 个字符进行分组;对于数值数据类型,可以选择按数值或以所选增量为范围进行分组。

　　3) 使用"报表向导"排序或汇总

　　可以按升序或降序对记录排序,最多可以使用四个字段作为排序依据,如图 7 - 13 所示。

图 7 - 13　在"报表向导"中进行排序设置

（1）单击下拉列表框，选择一个或多个作为排序依据的字段。

（2）若要对任何数值字段进行汇总，单击"汇总选项"按钮，向导将显示可用的数值字段，如图 7-14 所示。

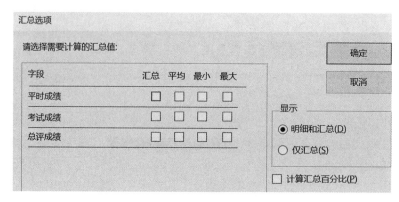

图 7-14 "报表向导"中的汇总选项

注意：仅当报表的主体节中包含一个或多个数值字段时，"汇总选项"按钮才可见。

（3）选中"汇总""平均""最小"或"最大"选项下的复选框，将这些计算加入组页脚中。可以选择同时显示明细和汇总，或者只显示汇总，还可以选择显示汇总计算值占总计的百分比。

（4）按照"报表向导"其余页上的指示执行操作。在最后一页上，可以编辑报表的标题。此标题将显示在报表的第一页上，并且 Access 还将使用此标题作为保存报表的文档名称。标题和文档名可在以后进行编辑。

（5）单击"完成"按钮，Access 将自动保存报表，并在"打印预览"中按照打印时的外观显示报表。

4）添加或修改分组和排序

在布局视图或设计视图中打开报表，当需要添加或修改分组和排序时，可进行如下操作。

（1）如果"分组、排序和汇总"窗格尚未打开，则在"设计"选项卡上的"分组和汇总"组中，单击"分组和排序"按钮，打开"分组、排序和汇总"窗格，如图 7-15 所示。

图 7-15 "分组、排序和汇总"窗格　　　　图 7-16 分组、排序和汇总字段的设置

（2）在"分组、排序和汇总"窗格中单击"添加组"或"添加排序"按钮，然后选择要在其上执行分组或排序的字段。"分组、排序和汇总"窗格中将添加一个新行，并显示可用字段的列表，如图 7－16 所示。在此窗格的新行上，设置分组字段或排序字段的更多选项。

可以单击其中一个字段名称，或选择字段列表下的"表达式"命令以输入表达式。选择字段或输入表达式之后，Access 将在报表中添加分组级别。如果位于布局视图中，则显示内容将立即更改为显示分组或排序顺序。

（3）在"分组、排序和汇总"窗格内的分组或排序行上单击"更多"以设置更多选项和添加汇总。

7.3.2 报表中的统计计算

对于使用 Sum、Avg、Count、Min、Max 等聚合函数的计算型控件，Access 将根据控件所在的位置（选中的报表节）确定如何计算结果，具体规则如下。

（1）如果计算型控件放在报表页眉节或报表页脚节中，则计算报表的结果。

（2）如果计算型控件放在组页眉节或组页脚节中，则计算当前组的结果。

（3）聚合函数在页面页眉节和页面页脚节中无效。

（4）主体节中的计算型控件对数据源中的每一行打印一次计算结果。

例 7－6 利用"报表向导"建立成绩报表，包括所有字段。按照学号进行分组，并对报表中的总评成绩按照降序进行排序，计算"平时成绩""考试成绩"和"总评成绩"的平均值，效果如图 7－17 所示。

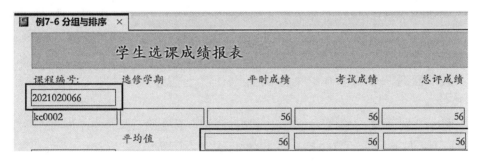

图 7－17 学生选课成绩报表

操作要点：

本例可以完全按照 7.3.1 节中的"使用'报表向导'排序或汇总"部分的要点完成。在报表创建完成之后，若要修改排序或分组形式，可以在"分组、排序和汇总"窗格中完成（见图 7－15 和图 7－16），亦可以右击需排序或分组的字段，打开快捷菜单，并使用快捷菜单中的命令完成操作，如图 7－9 所示。

例 7－7 复制例 7－3 的"学生选课成绩"报表，设计视图如图 7－18 所示。

操作要求：

（1）在主体节中，添加计算型控件（即文本框控件），名称为"学分绩点"，显示每一条记录的学分绩点。学分绩点＝学分×（总评成绩/10－5），即"学分绩点"控件的"控件来

图 7-18   学生选课情况报表的设计视图

源"属性的表达式为"＝［学分］＊（［总评成绩］/10－5）"。

（2）对于每一条记录，在主体节中添加名称为"是否优秀"的计算型控件，如果学分绩点大于3，则为优秀，否则为一般。即"是否优秀"控件的"控件来源"属性的表达式为"＝IIF（［学分绩点］＞3，'优秀'，'一般'）"。

（3）按照性别进行分组，在组页眉（即性别页眉）位置添加"性别"文本框控件（注意不是标签控件）。

（4）显示性别页脚，并将此页脚命名为"组页脚1"，且在组页脚节中添加名称为"总评均值"的计算型控件，显示男、女学生的总评成绩的平均值，其表达式为"＝Avg（［总评成绩］）"。

（5）在"组页脚1"节的计算型控件之后，插入分页符。

（6）最后，在报表页脚位置显示学生人数和所有学生总评成绩的平均值，表达式分别为"＝Count（＊）"或"＝Count（［学号］）"和"＝Avg（［总评成绩］）"。

7.4   报表美化

7.4.1   使用条件格式

Access 包含用于突出显示报表上的数据的工具，可为每个控件或控件组添加条件格式规则。在客户端报表中，还可以添加数据栏以比较数据。

在控件中添加条件格式的步骤如下。

（1）打开"布局视图"或"设计视图"。

（2）选择所需控件，在"格式"上下文选项卡中，单击"控件格式"组中的"条件格式"按钮。若要选择多个控件，按住"Ctrl"键并依次单击这些控件。

（3）在"条件格式规则管理器"对话框中，单击"新建规则"按钮。

（4）在"新建格式规则"对话框中，在"选择规则类型"下选择一个值：若要创建单独针对每个记录进行评估的规则，则选择"检查当前记录值或使用表达式"；若要创建使用数据栏互相比较记录的规则，则选择"比较其他记录"。

例 7-8 利用自动创建报表的方法创建成绩报表，并在布局视图下调整控件的宽度，以保证完整打印所有字段。利用条件格式设置"平时成绩""考试成绩"和"总评成绩"小于 80 分的记录以加粗、红色字体显示，效果如图 7-19 所示。

图 7-19 使用条件格式美化报表

操作要点：

参考上述"在控件中添加条件格式"的步骤完成。

7.4.2 报表修饰与格式

为了报表的合理布局和美观，可以在报表中添加徽标或背景图像。如果更新图像，更新也将自动应用于数据库中使用此图像的位置。另外，也可以对报表进行如下处理。

（1）设置主题。

（2）插入徽标和修饰控件等。

（3）添加页眉页脚，如日期和时间、页码。

（4）在报表中进行字体、格式设置。

（5）设计并修改报表中表的布局，如创建类似于电子表格的布局（即表格），或者创建类似于纸质表单的布局（即堆积）。

（6）添加计算字段。

例 7-9 设定例 7-8 报表的任意主题格式，并为报表添加任意背景图片。

操作要点：

打开报表的"属性表"窗格，找到"格式"选项卡下与背景图片相关的属性，设置即可。

7.4.3 预览和打印报表

1. 预览报表

在导航窗格中右击报表，然后选择"打印预览"命令。可以使用"打印预览"选项卡上的命令来执行如下操作。

（1）打印：单击此按钮，不经过页面设置，直接将报表输送到打印机。

（2）调整页面大小：设置纸张大小、页边距，也可只打印输出字段实际存放的数据部分，而不输出描述性文字。

（3）调整页面布局：设置页面方向、是否分列，以及打开"页面设置"对话框。

（4）显示比例：放大或缩小，或一次查看多个页，提供多种打印预览的显示大小。

（5）数据：将报表数据导出到其他文件格式，如 Excel 文件、文本文件、PDF 文件等。

最后，单击"关闭打印预览"按钮。

2. 页面设置

单击"打印预览"选项卡中的"页面设置"按钮，将打开"页面设置"对话框。单击相应的标签即可打开相应的选项卡，如图 7-20 所示。

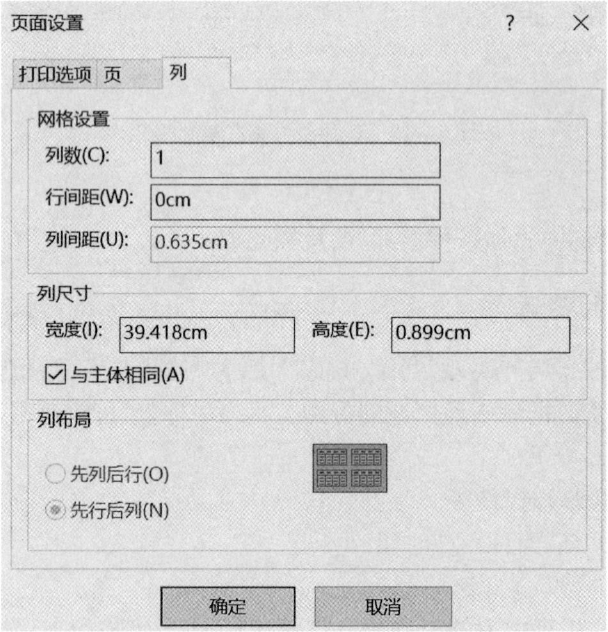

图 7-20 "页面设置"对话框的"列"选项卡

（1）打印选项：可以设置页边距及是否只打印数据。

（2）页：可以设置打印方向、纸张大小、纸张来源和指定打印机等。

（3）列：可以进行网格设置，并可以设置列尺寸和列布局方式。

3．打印报表

对报表进行页面设置并预览后，可以进行报表打印。如果希望在不预览报表的情况下打印报表，可以执行如下步骤。

（1）在导航窗格中右击报表，然后选择"打印"命令。报表将被发送到默认打印机。

（2）若要打开可在其中选择打印机的对话框，并进行指定份数等操作，可单击"文件"选项卡下的"打印"按钮。

7.5 报表应用举例

例 7 - 10 利用"报表向导"建立一个课程成绩报表。在报表中，以课程名称分组，显示课程的考试成绩，最后进行报表版面设置。

（1）在"创建"选项卡下，单击"报表向导"按钮，打开"报表向导"对话框。从"学生表" "课程表"和"成绩表"中选择报表所需的信息，如图 7 - 21 所示。

例 7 - 10 演示

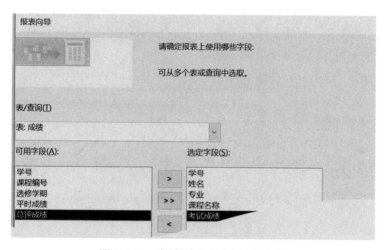

图 7 - 21 在"报表向导"中选定字段

（2）单击"下一步"按钮，选择"课程名称"字段作为分组依据，如图 7 - 22 所示。

图 7 - 22 在报表中确定分组依据

（3）单击"下一步"按钮，选择按"考试成绩"字段升序排列，如图 7－23 所示。

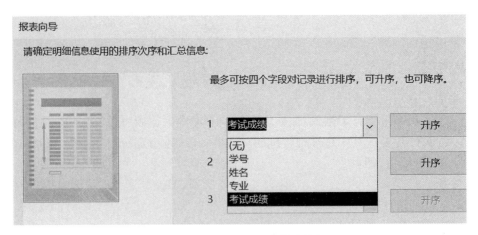

图 7－23　在报表中确定排序依据

（4）确定报表的布局方式和所用样式后，为报表确定标题，单击"完成"按钮，将其切换到报表视图，得到如图 7－24 的报表。

例7-10 课程成绩报表 ×				
例7-10 课程成绩报表				2024年5月20日
课程名称	学号	姓名	专业名	考试成绩
计算机基础				
	xs2013003	张吴明	汉语言文学	66
	xs2013001	李小荷	劳动安全	80
数据库				
	2021020066	张斌	社会工作	56
	xs2013001	李小荷	劳动安全	60
	xs2013004	王温雅	汉语言文学	75
	xs2013003	张吴明	汉语言文学	90
2024年6月15日				共1页，第1页

图 7－24　课程成绩报表

（5）切换到设计视图，选中要修改的文字"例 7－10 课程成绩报表"，将其设置为隶书、24 号字。按住"Shift"键的同时单击选择"课程名称""学号""姓名""专业名"和"考试成绩"等字段，将其设置为宋体、11 号字，如图 7－25 所示。

（6）在报表页眉位置添加文本框控件作为计算控件，名称为"D520"。使用函数 Year（）、Date（）和 DateSerial（）在计算控件中输入表达式"＝DateSerial（Year（Date（）），5，20）"，显示当年的 5 月 20 日。最后，设置计算控件的格式为"长日期"，如图 7－25 所示。

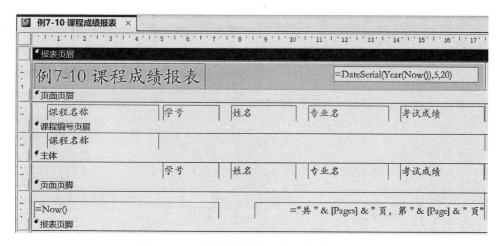

图7-25 在报表设计视图中进行版面设置

（7）切换到打印预览视图,观察是否是希望的报表,反复修改直至满意为止。报表设计完成,其效果如图7-26所示。

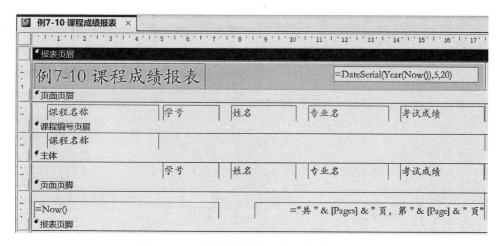

例7-10 课程成绩报表				2021年5月20日
课程名称	学号	姓名	专业名	考试成绩
计算机基础				
	xs2013001	李小荷	汉语言文学	75
	xs20140101	张飞飞	社会工作	138
数据库				
	xs2013003	张吴明	汉语言文学	75
数据结构				
	xs20140101	张飞飞	社会工作	40
	xs2013006	刘何勇	语言学	65
	xs2013001	李小荷	汉语言文学	135
劳动安全概论				
	xs2013001	李小荷	汉语言文学	
2021年5月25日				共1页,第1页

图7-26 学生课程成绩报表的效果图

练 习 题

一、选择题

1. 在 Access 中能按用户的要求格式打印输出的数据库对象是（　　）。

A. 表　　　　　　 B. 窗体　　　　　　 C. 报表　　　　　　 D. 查询

2. 报表和窗体的主要区别在于(　　　)。

A. 窗体和报表都能输入数据

B. 窗体和报表都不能输入数据

C. 窗体可以输入数据,而报表不可以输入数据

D. 窗体不可以输入数据,而报表可以输入数据

3. 下面(　　　)不是报表的视图。

A. 设计视图　　　　B. 打印预览　　　　C. 报表视图　　　　D. 数据表视图

4. 在报表设计时,要统计报表中某个字段的全部数据,可在(　　　)中进行计算。

A. 组页眉/组页脚　　　　　　　　B. 页面页眉/页面页脚

C. 报表页眉/报表页脚　　　　　　D. 主体

5. 在报表设计的工具栏中,用于修饰版面以达到良好输出效果的是(　　　)。

A. 直线和矩形　　B. 直线和圆形　　C. 直线和多边形　　D. 矩形和圆形

6. 无论是自动创建窗体还是自动创建报表,都必须选定要创建该窗体或报表基于的
(　　　)。

A. 数据来源　　　　B. 查询　　　　　C. 表　　　　　　D. 记录

7. 需要在每一页的顶部显示的数据应该放在(　　　)节。

A. 报表页眉　　　　B. 页面页眉　　　C. 主体　　　　　D. 组页眉

8. 在报表中,使用(　　　)控件可以显示计算表达式的值。

A. 命令按钮　　　　B. 复选框　　　　C. 文本框　　　　D. 标签

二、填空题

1. 报表的主要功能是_____。

2. 属于自动创建报表的方式有_____。

3. 一个报表最多可以安排_____个字段或字段表达式对记录进行排序。

4. 报表的标题一般放在_____节中。

5. 报表数据输出不可缺少的内容是_____节的内容。

6. 计算控件的来源属性一般设置为以_____开头的计算表达式。某个文本框的
"控件来源"属性为"＝2＊4－1",则报表视图中此控件显示的信息为_____。

7. 报表同窗体一样,本身不存储数据,它的数据来源于_____和_____。

三、简答题

1. 报表和窗体有什么区别? 简述报表的功能。

2. 在 Access 2021 中,报表共有哪几种视图?

3. 什么是子报表? 如何创建子报表?

4. 如何在报表中进行计算与汇总?

5. 将第 6 章中的任意窗体另存为报表。

第 8 章

宏

本章包括宏概述、宏的创建、宏的运行与调试、宏的应用 4 个部分。学习者应该掌握宏的概念及分类,能熟练地创建或运行不同类型的宏,熟练地编辑、调试及应用宏。在 Access 中,可以将宏看作一种简化的编程语言,这种语言是通过生成一系列要执行的操作来编写的。

8.1 宏概述

宏是由一个或多个宏操作命令组成的集合,其中每个操作能够实现特定的功能。例如,打开某个窗体或打印某个报表,当宏由多个操作组成时,运行时按宏命令的排列顺序依次执行。宏并不直接处理数据库中的数据,它是组织 Access 数据库对象的工具,使用宏可以将这些对象有机地整合在一起。

8.1.1 宏的分类

1. 根据组织方式分类

宏一般是由多个宏命令组成的、可以顺序执行的宏列表,又称顺序宏、操作序列宏或简单宏。除了简单的顺序宏之外,根据宏操作命令的组织方式,宏可以分为子宏、宏组和条件宏。

(1)子宏是利用 SubMacro 宏命令创建的、由一个或多个宏命令组成的操作序列,在一个宏中可以多次使用 SubMacro 宏命令创建子宏。

(2)宏组是利用 Group 宏命令创建的,用于对多个宏操作命令进行组织和管理,一般由功能相近或操作相关的宏组织在一起,主要用于标识一组操作。宏组有时又叫组宏。

(3)条件宏是由流程控制宏命令 If 来实现的,If 宏块根据表达式的值有条件地执行一组宏操作。表达式就是要测试的条件,它必须是计算结果为 True(真)或 False(假)的表达式。

2. 根据宏是否依附于对象分类

根据宏是否依附于数据库对象,宏可以分为独立的宏和嵌入的宏,类似于独立的查询和嵌入的查询操作。独立的宏是在导航窗格中有独立名称的宏,是可以被其他数据库对象以名称引用的方式来调用的;嵌入的宏不会出现在导航窗格中,是嵌入在其他数据库对象的事件中的,只能被当前的数据库对象所使用。数据宏是在编辑数据表的数据时调用的嵌入数据表中的宏,专门针对数据表的一种独特的宏类型。

8.1.2 宏的视图

在"创建"选项卡的"宏与代码"组中,单击"宏"按钮,将进入宏的视图界面,其中包括"宏设计"选项卡、宏设计窗口和"操作目录"窗格 3 个部分。宏的操作就是通过这些窗口来实现的。

1. "宏设计"选项卡

"宏设计"选项卡有 3 个组,分别是"工具""折叠/展开"和"显示/隐藏",如图 8-1 所示。"工具"组可以运行宏,可以单步执行宏以便于调试宏,还可以将宏命令转换为 VBA 代码;"折叠/展开"组可以折叠或展开宏操作命令,以便于查看宏;"显示/隐藏"组可以用来查看操作命令目录,更好地了解宏命令。

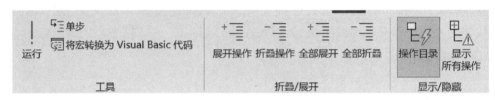

图 8-1 "宏设计"选项卡

2. 宏设计窗口

宏设计窗口也就是宏设计视图。Access 各版本相比没有太大变化,宏设计窗口使得开发宏更为方便。当创建一个宏后,在宏设计窗口中,出现一个下拉列表框,在其中可以添加宏操作并设置操作参数,如图 8-2 所示。

图 8-2 宏设计窗口

添加新的宏操作有以下 3 种方式。

(1)直接在"添加新操作"下拉列表框中输入宏操作名称。

(2)单击"添加新操作"下拉列表框的向下按钮,在打开的下拉列表中选择相应的宏操作命令。

(3)从"操作目录"窗格中把某个宏操作命令拖曳到下拉列表框中或双击某个宏操作命令。

3. "操作目录"窗格

"操作目录"窗格分类列出了所有宏操作命令,用户可以根据需要从中进行选择。当选择一个宏操作命令后,在窗格下半部分会显示相应命令的说明信息,如图 8-3 所示。

"操作目录"窗格由 3 部分组成,分别是程序流程控制、宏操作命令和在此数据库中包含的宏对象。程序流程控制可以更改宏操作执行顺序或有助于组织宏的块列表;宏操作命令是执行命令的操作列表;在此数据库中包含的宏对象是指本数据库系统中使用了宏命令的数据库对象。

图 8-3 "操作目录"窗格

　　在"操作目录"窗格的"操作"列表项中会显示所有的宏操作命令。在宏设计窗口中，可以调用这些基本的宏操作命令，并配置相应的操作参数，自动完成对数据库的各种操作。常用的宏操作命令如表 8-1 所示。

表 8-1　常用的宏操作命令

序号	操　作	说　　　明
1	AddMenu	用于将菜单添加到自定义的菜单栏上，菜单栏上的每个菜单都需要一个独立的 AddMenu 操作
2	ApplyFilter	用于筛选窗体或报表中的记录
3	Beep	通过计算机的扬声器发出嘟嘟声
4	CancelEvent	取消当前操作
5	CloseDatabase	关闭当前数据库
6	CloseWindow	关闭指定的 Access 窗口，如表、窗体等。如果没有指定窗口，则关闭活动窗口
7	CopyObject	将数据库对象复制到目标数据库中
8	DeleteObject	删除指定的对象，如表、窗体等
9	Echo	可以指定是否打开回响（运行宏时，Access 更新或重画屏幕的过程）。例如，可以使用该宏在宏运行时隐藏或显示运行结果
10	FindNextRecord	查找下一个符合查询条件的记录
11	FindRecord	查找符合 FindRecord 参数指定条件的数据库的第一个实例
12	GoToControl	把焦点转移到激活表或窗体上指定的字段或控件上
13	GotoPage	将焦点转移到窗体中指定的页
14	GotoRecord	使打开着的表、窗体或查询结果集中的指定记录变为当前记录
15	MaximizeWindow	放大活动窗口，使其充满 Microsoft Access 窗口。该操作可以使用户尽可能多地看到活动窗口中的对象
16	MinimizeWindow	将活动窗口缩小为 Microsoft Access 窗口底部的小标题栏
17	MoveAndSizeWindow	可以移动活动窗口或调整其大小
18	MessageBox	显示包含警告信息或其他信息的消息框
19	OpenForm	打开一个窗体，并通过选择窗体的数据输入方式，来限制窗体所显示的记录
20	OpenQuery	打开指定的查询

续　表

序号	操　作	说　　明
21	OpenReport	在设计视图或打印预览中打开报表或立即打印报表，也可以限制需要在报表中打印的记录
22	OpenTable	打开指定的表
23	PrintObject	打印打开数据库中的活动对象，也可以打印表、报表、窗体和模块
24	QuitAccess	退出 Microsoft Access。该操作还可以指定在退出 Access 之前是否保存数据库对象
25	RunMacro	运行宏。该宏可以在宏组中
26	SetValue	对 Microsoft Access 窗体、窗体数据表或报表上的字段、控件或属性的值进行设置

8.2　宏的创建

8.2.1　创建顺序宏

例 8－1 演示

例 8－1　创建顺序宏，按照顺序依次完成如下操作：打开"学生表"，打开例 4－16 中的查询，关闭查询，关闭表，且在关闭之前弹出提示消息框，宏设计窗口如图 8－4 所示。

操作步骤：

（1）打开宏设计窗口。

（2）两次添加"程序流程"下的"Comment"注释宏，分别添加注释"打开学生表"和"打开学生选课成绩查询"。

（3）添加"OpenTable"和"OpenQuery"宏操作，表名称为"学生表"，查询名称为"例 4－16 学生选课成绩查询"，视图均为"数据表视图"，数据模式均为"编辑"。

（4）依据题目要求"关闭前打开提示消息框"，因此，接下来，添加两个"MessageBox"操作命令，消息分别为"关闭学生选课成绩查询"和"关闭学生表"。最后，添加"CloseWindow"操作命令，对象分别为"例 4－16 学生选课成绩查询"

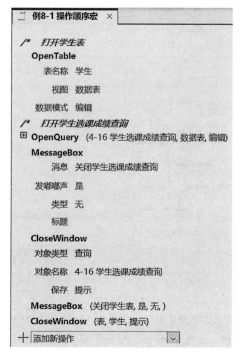

图 8－4　创建顺序宏实例

和"学生表"。

（5）最后，通过每个宏操作命令右侧的绿色上箭头或下箭头，或者按住鼠标左键拖曳，移动每个宏操作命令的位置，使其位于恰当的位置，其执行顺序如图 8-4 所示。

在"宏设计"选项卡的"工具"组中单击"运行"按钮，运行设计好的宏，将按顺序执行宏中的操作。

8.2.2　创建子宏

利用宏操作的 3 种方式将"Submacro"块添加到宏，然后，将宏操作添加到该块中，并给不同的块加上不同的名字。

例 8-2　创建子宏，其功能是将例 8-1 中的 6 个操作分成两个子宏，打开和关闭"学生表"是第 1 个子宏，打开和关闭"学生选课成绩查询"是第 2 个子宏，关闭前都用消息框提示操作。宏设计窗口如图 8-5 所示。

例 8-2 演示

操作步骤：

（1）打开宏设计窗口。

（2）两次添加"程序流程"下的"SubMacro"，分别将两个子宏的名称命名为"宏 1"和"宏 2"。

（3）在每个子宏内部添加如图 8-5 所示的操作。操作过程中，可以使用上移和下移操作，或者使用鼠标左键拖曳命令操作，移动宏操作的位置，即可完成。

如果运行的宏包含多个子宏，但没有专门指定要运行的子宏，则直接运行此宏时只会运行第一个子宏，后面的子宏不会执行。如果要在对象的事件属性中引用宏中的子宏，其引用格式是"宏名.子宏名"。

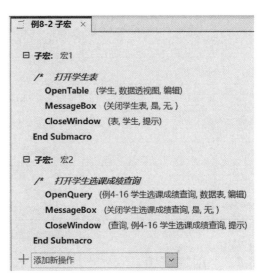

图 8-5　创建子宏实例

要将一个操作或操作集合赋值给某个特定的按键，在按下特定的按键或组合键时，Microsoft Access 就会执行相应的操作，可以创建一个名为"AutoKeys"的宏。创建AutoKeys 宏，要在子宏"名称"文本框中输入特定的按键。

例 8-3　建立一个名称为"AutoKeys"的宏，当按下"Ctrl"＋"O"组合键时打开"学生表"，当按下"F5"功能键时打开"学生选课成绩"查询。宏设计窗口如图 8-6 所示。

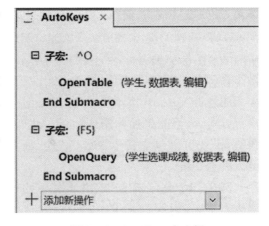

图 8-6　AutoKeys 宏实例

操作要点：

在创建子宏时,两个子宏的名称分别为"＾O"和"{F5}"

详细的组合键如表 8-2 所示。其中,"＾"代表"Ctrl","＋"代表"Shift",可以加任何字母和数字键,也可以带 F1~F12 这种功能键,功能键要带大括号,如"＋{F2}"表示"Shift"＋"F2"的组合键操作。

表 8-2　AutoKeys 宏中作为子宏的按键

Submacro 名称	按键或键盘快捷方式	说　　明
＾A 或 ＾4	Ctrl＋A 或 Ctrl＋4	Ctrl 加任何字母或数字键
{F1}	F1	任何功能键
＾{F1}	Ctrl＋F1	Ctrl 加任何功能键
＋{F1}	Shift＋F1	Shift 加任何功能键
{Insert}	Insert	插入键
＾{Insert}	Ctrl＋Insert	Ctrl 加插入键
＋{Insert}	Shift＋Insert	Shift 加插入键
{Delete}或{Del}	Delete	删除键
＾{Delete}或 ＾{Del}	Ctrl＋Delete	Ctrl 加删除键
＋{Delete}或＋{Del}	Shift＋Delete	Shift 加删除键

8.2.3　创建宏组

宏组是指在同一个宏窗口中包含的一个或多个宏的集合。如果要在一个位置上将几个相关的宏集中起来,而不希望运行单个宏,则可以将它们组织起来构成一个宏组。宏组中的每个宏都单独运行,互不相关。利用宏操作的 3 种方式将"Group"块添加到宏。

注意："Group"块不会影响宏操作的执行方式,组不能单独调用或运行。此外,"Group"块可以包含其他"Group"块,最多可以嵌套 9 级。

例 8-4　复制例 8-2,并将其中的子宏改为宏组,再执行宏组。宏设计窗口如图 8-7 所示。

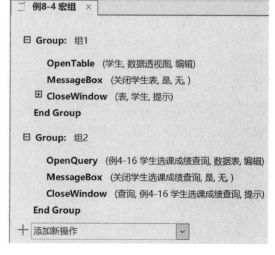

图 8-7　创建宏组实例

例 8-4 演示

操作步骤：

（1）两次添加"Group"宏操作。

（2）通过每个宏操作命令右侧的绿色上箭头或下箭头，或者选中宏命令行并按住鼠标左键拖曳，移动并适当调整每个宏操作命令的位置，如图 8-7 所示。

（3）利用宏操作命令右侧的"删除"按钮，删除 Submacro 宏操作命令。

8.2.4 创建条件宏

如果希望当满足指定条件时，才执行宏的一个或多个操作，可以使用"操作目录"窗格中的"If"流程控制，通过设置条件来控制宏的执行流程，形成条件宏。

这里的条件是一个逻辑表达式，返回值是"True"或"False"。运行时将根据条件的结果，决定是否执行对应的操作。如果条件结果为"True"，则执行此后的操作；若条件结果为"False"，则忽略其后的操作。

例 8-5　创建一个条件宏并在窗体中调用它，用于判断数据的奇偶性。题目要求：在窗体的文本框控件（见图 8-8）中输入任意自然数，按下"Enter"键时，弹出消息提示框，提示文本框所输入的自然数为奇数或偶数。

图 8-8　窗体及文本框控件设置

操作步骤：

（1）创建未绑定窗体，名称为"判断数据的奇偶性"，并添加文本框控件，名称为"Text0"。

（2）如图 8-9 所示，创建独立的名称为"条件宏"的宏，添加 If（如果）宏操作，其条件表达式为"[Forms]![例 8-5判断数据的奇偶性]![Text0] Mod 2＝0"。其中，"例 8-5 判断数据的奇偶性"为窗体的名称，"Text0"为窗体内文本框的名称。如果条件表达式的取值为True，则继续执行后面的操作；否则，执行 Else 内的语句。

（3）在窗体中，设置文本框控件Text0 的"更新后"事件为"条件宏"。

注意：

（1）引用报表上的控件值，引用格式为：Reports![报表名]![控件名]或[Reports]![报表名]![控件名]。

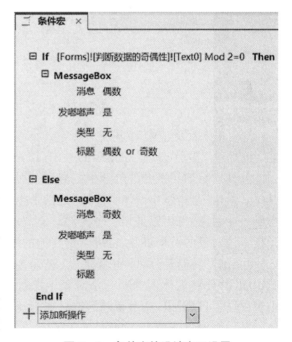

图 8-9　条件宏的设计窗口设置

（2）条件宏为独立的宏,由于其中引用了窗体中的控件,故而不能直接运行,而必须通过窗体中控件 Text0 的"更新后"事件调用使用。当然,条件宏也可以用嵌入的宏替代,而宏操作命令不变。

8.2.5　创建嵌入的宏

上述 4 种宏的创建结果都会得到一个独立的宏,而嵌入的宏与独立的宏不同,嵌入的宏存储在窗体、报表或控件的事件属性中,成为窗体、报表或控件的一部分。创建嵌入的宏与创建宏对象的方法略有不同。创建嵌入的宏必须先选择要响应的事件,然后再编辑嵌入的宏。使用控件向导在窗体中添加命令按钮也会自动在命令按钮的单击事件中生成嵌入的宏。

图 8-10　选择窗体对象

例 8-6演示

例 8-6　在"学生"窗体的"加载"事件中创建嵌入的宏,用于显示打开"学生"窗体的提示信息。

操作步骤:

（1）打开"学生"窗体,切换到设计视图或布局视图,打开"属性表"窗格,在对象列表中选择"窗体",如图 8-10 所示。

（2）单击"事件"选项卡,再选择"加载"事件属性,并单击组合框旁边的 ... 按钮,在打开的"选择生成器"对话框中,选择"宏生成器"选项,然后单击"确定"按钮,如图 8-11 所示。

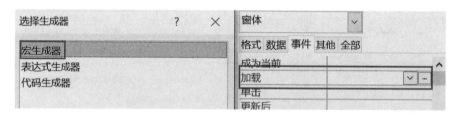

图 8-11　打开"选择生成器"对话框

（3）进入宏设计窗口,添加"MessageBox"宏操作,"消息"参数填写"打开学生窗体","标题"参数填写"提示",其他为默认,如图 8-12 所示。

新建宏标签的标题为"学生:窗体:加载"。其中,"学生"是指学生窗体;"窗体"是指学生窗体中的一个对象,也可以是某一个控件对象;"加载"是指上述对象的一个事件,也可以是其他的事件,如"更新前""更新后"等。也就是说,宏标签的标题说明了"要在窗体内的哪一个对象上添加哪一个事件"。可以看出,这个新建的宏只能为这个窗体的某一个对象所使用,这就是嵌入的宏。

（4）退出宏设计窗口,保存窗体。

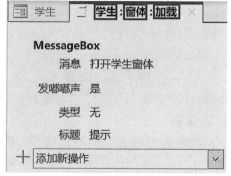

图 8-12　MessageBox 宏操作设置

（5）进入窗体视图或布局视图，该宏将在"学生"窗体加载时触发运行，弹出一个提示消息框。

8.2.6　创建数据宏

1. 创建事件驱动的数据宏

每当在表中添加、更新或删除数据时，都会发生表事件。可以编写一个数据宏，使其在发生这 3 种事件中的任意一种事件之后，或发生删除或更改事件之前立即运行。

创建数据宏，可以通过以下两种方法实现。

（1）在表的数据表视图下，选择"表"选项卡中的"前期事件""后期事件"或"已命名的宏"，打开宏设计窗口，创建数据宏。

（2）在表的设计视图下，选择"表设计"上下文选项卡中的"字段、记录和表格事件"中的"创建宏事件"或"重命名/删除宏"，打开宏设计窗口，创建数据宏。

例 8-7　创建数据宏，当输入"学生表"的"性别"字段时，在事件"更改前"进行数据验证，并给出错误提示。宏设计窗口设置如图 8-13 所示。

例 8-7 演示

操作步骤：

（1）在设计视图下打开"学生表"，在"创建数据宏"中选择"更改前"事件（或者在数据表视图下选择"表"选项卡中的"更改前"事件），进入嵌入宏设计视图。

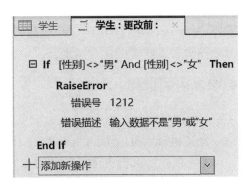

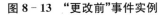

图 8-13　"更改前"事件实例

（2）利用程序流程控制命令"If"创建条件宏，输入条件"［性别］＜＞"男" And ［性别］＜＞"女""，并添加 RaiseError 宏命令给出错误提示。

（3）在"学生表"的数据表视图下，分别输入正确的和错误的性别值进行验证。

2. 创建已命名的数据宏

已命名的或"独立的"数据宏与特定表有关，但不是与特定事件相关。可以从任何其他数据宏或标准宏调用已命名的数据宏。

1）创建已命名的数据宏

要创建已命名的数据宏，可执行下列操作。

（1）在导航窗格中，双击要向其中添加数据宏的表。

（2）在"表"选项卡上的"已命名的宏"组中，单击"已命名的宏"下拉按钮，然后选择"创建已命名的宏"命令。

（3）打开宏设计窗口，可开始添加操作。

2）向数据宏添加参数

若要向数据宏添加参数，可执行下列操作。

（1）在宏的顶部，单击"创建参数"链接。

（2）在"名称"文本框中输入一个唯一的名称，它是用来在表达式中引用参数的名称。

在"说明"文本框中输入参数说明,起帮助提示作用。

3) RunDataMacro 宏

若要从另一个宏运行已命名的数据宏,使用 RunDataMacro 宏操作。该操作为创建的每个参数提供一个框,以便提供必要的值。

3. 管理数据宏

导航窗格的"宏"对象下不显示数据宏,必须使用表的数据表视图或设计视图中的功能区命令,重新单击相应事件,才能创建、编辑、重命名和删除数据宏。

8.3 宏的运行与调试

设计完成一个宏对象或嵌入的宏后,即可运行它,调试其中的各个操作。Access 2021 提供了 OnError 和 ClearMacroError 宏操作,可以在宏运行出错时执行特定操作。另外,SingleStep 宏操作允许在宏执行过程中进入单步执行模式,用户可以通过每次执行一个操作来了解宏的工作状态。

8.3.1 宏的运行

1. 直接运行宏

直接运行宏有以下 3 种方法。

(1) 在导航窗格中选择"宏"对象,然后双击宏名。

(2) 在"数据库工具"选项卡的"宏"组中单击"运行宏"按钮,弹出"执行宏"对话框。在"宏名称"下拉列表框中选择要运行的宏,然后单击"确定"按钮。

(3) 在宏的设计视图中,单击"宏设计"选项卡,再在"工具"组中单击"运行"按钮。

2. 从其他宏中运行宏

如果要从其他的宏中运行另一个宏,必须在宏设计视图中使用 RunMacro 宏操作命令,要运行的另一个宏的宏名作为操作参数。

3. 自动运行宏

宏是按宏名进行调用的。将宏的名字设为"AutoExec",则在每次打开数据库系统时,将自动运行该宏,可以在该宏中设置数据库初始化的相关操作。如果要取消自动运行,则在打开数据库系统时按住"Shift"键即可。

例 8-8 创建一个名称为"AutoExec"的独立的宏,其宏操作为打开"学生"窗体。

操作步骤:

(1) 创建独立的以"AutoExec"为名称的宏。

(2) 在"AutoExec"宏里添加"OpenForm"宏命令,打开对象为"学生"窗体,其他选项默认即可,完成独立宏的创建。

注意:

(1) 独立的宏"AutoExec"制作完成后,需要关闭数据库系统,并重新打开查看自动运行效果。

(2) 数据库打开后,检查第一个打开的窗体是否为"学生"窗体。

(3) 启动数据库时,"AutoExec"宏命令可以用于打开数据库系统的切换面板。

4. 通过响应事件运行宏

在实际的应用系统中,设计好的宏更多的是通过窗体、报表或控件上发生的事件触发相应的宏或事件过程,使之投入运行。

例 8 - 9 在窗体中显示要打开或关闭的表,在窗体命令按钮的"单击"事件中加入宏,来控制打开或关闭所选定的表。

操作步骤:

(1) 在窗体的设计视图中添加选项组控件,其名称为"Frame1",其对应标签的标题为"选择表"。添加 3 个选项按钮控件,其值依次为 1、2 和 3,对应标签的标题分别为"学生表""课程表"和"成绩表",并将窗体命名为"例 8 - 9 数据表选择窗体"。

(2) 添加"打开表"和"关闭表"两个命令按钮,如图 8 - 14 所示。

图 8 - 14　数据表选择窗体

(3) 创建"打开表格宏",包含"打开"和"关闭"两个子宏,依据表达式"[Forms]![例 8 - 9 数据表选择窗体]![Frame1]"的取值,打开或关闭相应的对象。"打开"子宏中设置"打开"操作,当选项组 Frame1 的值为 1 时,打开"学生表";当选项组 Frame1 的值为 2 时,打开"课程表";当选项组 Frame1 的值为 3 时,打开"成绩表"。打开和关闭表格宏的宏设计视图如图 8 - 15 所示。

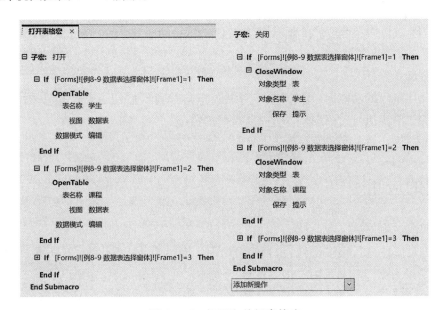

图 8 - 15　打开和关闭表格宏

（4）为"打开表"和"关闭表"两个命令按钮添加"单击"事件，分别设置为"打开表格宏.打开"和"打开表格宏.关闭"。

（5）设置完毕，运行测试结果。如选中"课程表"选项按钮，单击"打开表"命令按钮即可打开"课程表"。在选中并打开"课程表"的状态下，再次单击"关闭表"命令按钮即可关闭"课程表"。

8.3.2　宏的调试

在 Access 2021 中提供了单步执行的宏调试工具。单击"宏设计"选项卡下"工具"组中的"单步"按钮，然后单击"运行"按钮，打开如图 8 - 16 所示的对话框。可以使用单步跟踪执行，观察宏的执行流程和每一步操作的结果，便于分析和修改宏中的错误。

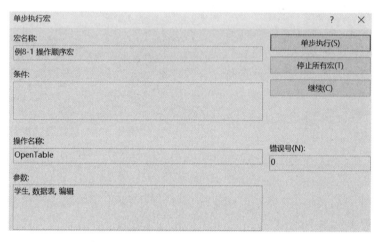

图 8 - 16　"单步执行宏"对话框

例 8 - 10　利用单步执行，观察例 8 - 1 中创建的顺序宏的执行流程，如图 8 - 16 所示。

操作要点：

在宏设计窗口的功能区，单击"单步"按钮，单击"运行"按钮，打开"单步执行宏"对话框，通过单击"单步执行"按钮查看每一步执行的情况。

8.4　宏的应用

1. 使用宏控制窗体

宏可以对窗体进行很多操作，包括打开、关闭、最大化、最小化等，下面通过建立一个"窗口移动和大小宏"来说明用宏控制窗体的操作。在 Access 中，如果已设置文档窗口选项使用"重叠窗口"，而不是"选项卡式文档"，可以使用 MoveAndSizeWindow 宏操作移动活动窗口或调整其大小。

例 8－11 利用宏操作打开例 8－9 中创建的窗体,并调整窗体的位置和大小。

操作步骤:

(1)首先,修改例 8－8 中的"AutoExec"宏,利用 OpenForm 宏操作打开"数据表选择窗体",并设置文档窗口选项使用"重叠窗口"。

(2)其次,利用 MoveAndSizeWindow 宏操作移动活动窗口或调整其大小。如图 8－17 所示,设置窗体左上角的水平位置(向右键 500)、垂直位置(向下键 500),以及窗口的宽度(宽度 8000)、窗口的高度(高度 6000)。

2. 使用宏创建自定义菜单和快捷菜单

在 Access 2021 中,利用宏可以为窗体、报表创建自定义菜单,也可以创建快捷菜单。下面以实例说明自定义菜单的创建方法。

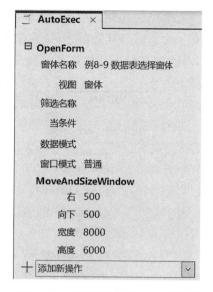

图 8－17 活动窗口位置和大小的设置

例 8－12 利用宏创建 3 级菜单,一级菜单包括"文件"和"退出"2 个菜单项,其中"文件"菜单包括"打开窗体""打印预览"2 个二级菜单,"打开窗体"菜单又包含"学生信息""课程信息"和"学生选课信息"3 个三级菜单,"打印预览"菜单下包含 1 个三级菜单,"退出"菜单包含 2 个二级菜单,如表 8－3 所示。

表 8－3 三级菜单设置表

一级菜单	二级菜单	三级菜单
文件	打开窗体	学生信息
		课程信息
		学生选课信息
	打印预览	学生信息
退出	关闭	
	退出	

分析:

考虑到题目要求,在建立一级菜单时需要用到二级菜单,建立二级菜单时需要用到三级菜单,而三级菜单操作仅涉及一个打开窗体的操作,我们从二级菜单开始创建。

操作步骤:

(1)创建名为"打开窗体"的独立宏,添加 3 个 Submacro 宏,分别是学生信息、课程信息和学生选课信息 3 个窗体的打开操作,如图 8-18 所示。在宏名称后加上圆括号,里面写上"&"与相应的字母,为菜单命令创建键盘访问键。例如,"学生信息(&S)"表示可以通过"S"键来选择该菜单命令。

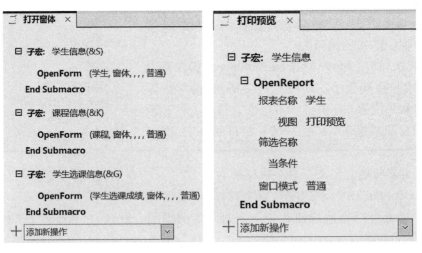

图 8-18　"打开窗体"宏设置　　　　图 8-19　"打印预览"宏设置

(2) 按照步骤(1),完成"打印预览"菜单的设置,如图 8 - 19 所示。注意在 OpenReport 宏的"视图"参数中选择"打印预览",以便于查看打印效果。

(3) 创建名为"文件"的独立宏,添加打开窗体和打印预览两个 SubMacro 宏,如图 8-20 所示。在"打开窗体"子宏中,添加 AddMenu 宏操作,其"菜单名称"和"菜单宏名称"参数均为"打开窗体";在"打印预览"子宏中,添加 AddMenu 宏操作,其"菜单名称"和"菜单宏名称"参数均为"打印预览"。至此,"文件"菜单下所有子菜单完成设置。

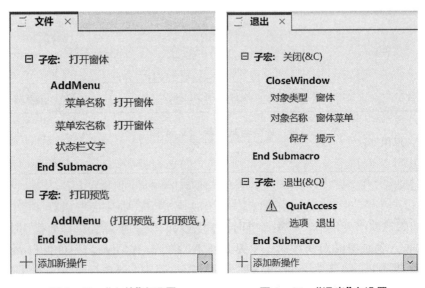

图 8-20　"文件"宏设置　　　　图 8-21　"退出"宏设置

（4）创建菜单的载体——窗体，可以直接创建一个空白窗体，命名为"窗体菜单"。

（5）参照步骤（1）创建名为"退出"的独立宏，添加关闭和退出两个 SubMacro 宏，如图 8‒21 所示。其中，"关闭"子宏用于关闭"窗体菜单"窗体，而"退出"子宏用于退出数据库系统。

（6）创建名为"菜单宏"的独立宏，利用 AddMenu 宏添加"文件"和"退出"子菜单，如图 8‒22 所示。

（7）在设计视图下打开"窗体菜单"窗体，设置窗体的"菜单栏"和"快捷菜单"两个属性为"菜单宏"。

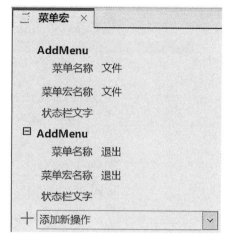

图 8‒22　"菜单宏"宏设置

（8）设置完毕，效果如图 8‒23 所示。可以在功能区的"加载项"选项卡下，查看菜单项。也可在窗体的窗体视图下右击，查看快捷菜单的变化。

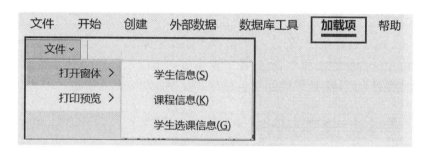

图 8‒23　三级菜单效果图

3. 使用宏取消打印不包含任何记录的报表

当报表不包含任何记录时，打印该报表就没有意义。在 Access 2021 中可向报表的"无数据"事件过程中添加宏。只要运行没有任何记录的报表，就会触发"无数据"事件。当打开的报表不包含任何数据时，发出警告信息，单击"确定"按钮关闭警告消息时，宏也会关闭空报表。

例 8‒13　使用宏取消打印不包含任何记录的报表。要求：在打开无数据的报表时，弹出提示对话框，单击"确定"按钮可关闭空报表。

操作步骤：

（1）创建名为"无数据报表"的空报表，其"记录源"属性为无记录的表或查询（可以预先创建一个没有记录的表或查询）。

（2）在报表的"属性表"窗格中，设置"无数据"事件为嵌入的宏。

（3）在嵌入的宏中，添加 MessageBox 宏操作，消息为"报表无数据"，类型为"警告?"，标题为"无记录"。

（4）添加 CancelEvent 宏操作，如图 8‒24 所示。

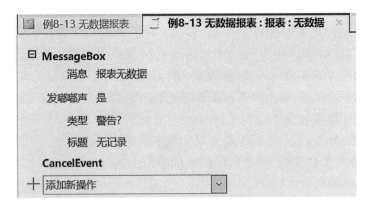

图 8-24 无数据报表的嵌入宏设置

4. 使用 Requery 宏实施指定控件重查

在 6.4 节中，我们实现了依据组合框中选定的学生学号，打开学生所选课程的子窗体。本节中，利用 Requery 宏可以在主窗体中实现依据指定信息更新子窗体中相关数据的效果，如指定姓氏和专业名，更新子窗体中学生的信息。如果在查找过程中使用通配符，则可以实现数据的模糊查找。

例 8-14 演示

例 8-14 通过设计视图，创建一个窗体并添加一个文本框和一个组合框。根据文本框和组合框中选择的姓氏和专业名，在子窗体中列出满足条件的学生列表。添加文本框作为计算型控件，统计满足条件的学生总数。效果如图 8-25 所示。

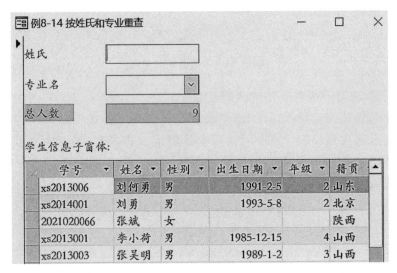

图 8-25 按姓氏和专业名称重查

操作步骤：

（1）创建主窗体"例 8-14 按姓氏和专业重查"，其"记录源"属性为空，即为未绑定窗体。

（2）在主窗体中添加文本框和组合框，分别命名为"Text1"和"Combo1"，均为未绑定控件。"Combo1"的"行来源"属性为"Select Distinct 专业.专业名 From 专业;",即组合框的数据来源为专业名,且值唯一。

（3）创建独立的窗体"学生信息子窗体",其"记录源"为查询。此查询的数据源为"学生表"和"专业表",在查询条件中显示"学生表"的所有字段（可以使用"学生表.＊"显示所有字段）,设置"姓名"字段的条件为：Like [Forms]![例 8 - 14 按姓氏和专业重查]![Text1] & " ＊ ",设置"专业名"字段的条件为：Like " ＊ " & [Forms]![例 8 - 14 按姓氏和专业重查]![Combol] & " ＊ "。最后,将所有字段添加到"学生信息子窗体"中。

另外,在"学生信息子窗体"的窗体页脚节添加文本框控件"Text10",计算学生的总人数,其表达式为"＝Count(＊)"。设置子窗体的"默认视图"属性为"数据表",取消子窗体的"导航按钮"。

（4）在主窗体中插入"学生信息子窗体"控件。取消主窗体的"导航按钮",设置主窗体的"弹出方式"属性和"模式"属性均为"是"。

（5）在主窗体的设计视图下,分别添加"Text1"和"Combo1"控件的"更新后"事件为"Requery"宏操作,操作对象为"学生信息子窗体"。

（6）在主窗体中添加文本框作为计算控件,其"控件来源"属性为"＝[学生信息子窗体].[Form]![Text10]"（建议使用"表达式生成器"对话框输入此式）。

5. 使用 ApplyFilter 宏依据条件筛选

例 8 - 15 通过设计视图,创建一个窗体并添加一个组合框。通过 ApplyFilter 宏,根据组合框中选择的姓名,在窗体中筛选出学生所选修的课程信息。设计视图如图 8 - 26 所示。

例 8 - 15 演示

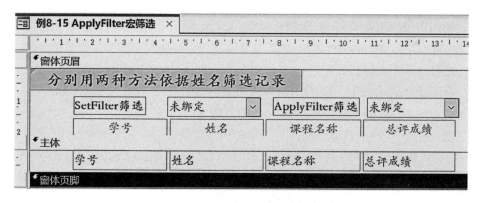

图 8 - 26　按姓名筛选学生选课情况

操作步骤：

（1）创建主窗体并切换到设计视图,设置窗体的默认视图为"连续窗体",设置窗体的数据源为例 4 - 16 中的学生选修课程查询,在窗体页眉节中添加如图 8 - 26 所示的组合框控件。

（2）设置组合框控件的"行来源"属性为"Select Distinct 学生.姓名 From 学生;",即组合框的数据来源为学生姓名,且值唯一。

（3）在主体节中，添加如图 8－26 中的"学号""姓名""课程名称"和"总评成绩"4 个字段，选中主体节中的所有控件。使用"排列"选项卡下"表"组中的"表格"按钮，将排列形式设置为表格，适当调整控件位置（首先需要删除布局）。

（4）设置组合框控件的"更改"事件为嵌入的宏"ApplyFilter"，当条件：＝"［姓名］＝'"＆［Combo0］＆"'"，筛选名称和控件名称可以省略。其中，［姓名］为主体节中"姓名"文本框的名称，［Combo0］为窗体页眉节中未绑定控件组合框的名称。

（5）测试效果。

练 习 题

一、选择题

1. 有关宏的基本概念，以下叙述错误的是（　　　）。

A. 宏是由一个或多个操作组成的集合

B. 宏可以是包含操作序列的一个宏

C. 可以为宏定义各种类型的操作

D. 由多个操作构成的宏，可以没有次序地自动执行一连串操作

2. 使用宏组的目的是（　　　）。

A. 设计出功能复杂的宏　　　　　　　B. 设计出包含大量操作的宏

C. 减少程序内存消耗　　　　　　　　D. 对多个宏进行组织和管理

3. 有关宏的操作，下列叙述错误的是（　　　）。

A. 使用宏可以启动其他应用程序

B. 宏可以是包含一列操作的一个宏

C. 宏组由若干宏组成

D. 宏的条件表达式中不能引用窗体或报表的控件值

4. 定义（　　　）有利于数据库中宏对象的管理。

A. 宏　　　　　　B. 宏组　　　　　　C. 宏操作　　　　　D. 宏定义

5. 宏调试的工具可用（　　　）执行。

A. 单步　　　　　B. 同步　　　　　　C. 运行　　　　　　D. 继续

6. Access 2021 中用于退出 Access 的宏命令是（　　　）。

A. QuitAccess　　B. Quit　　　　　C. CloseWindow　　D. Close

7. 引用窗体控件的值，可以用的宏表达式是（　　　）。

A. Forms!控件名!窗体名　　　　　　B. Forms!窗体名!控件名

C. Forms!控件名!　　　　　　　　　D. Forms!窗体名!

8. 要限制宏操作的范围，可以在创建宏时定义（　　　）。

A. 宏操作对象　　　　　　　　　　　B. 宏条件表达式

C. 窗体或报表控件属性　　　　　　　D. 宏操作目标

9. 下列运行宏的方法中,错误的是（   ）。

A. 单击导航窗格中的宏名运行宏   B. 双击导航窗格中的宏名运行宏

C. 在宏设计视图中单击"运行"按钮   D. DoCmd.FunMacro"宏名"

10. （   ）宏操作用于打开查询。

A. OpenForm   B. OpenQuery   C. OpenTable   D. OpenReport

11. 对于一个触发事件的属性,调用子宏的宏格式为（   ）。

A. 宏名称.子宏名称   B. 宏名称

C. 子宏   D. 都不对

12. 宏的具体功能不包括（   ）。

A. 显示和隐藏工具栏   B. 打开和关闭表、查询、窗体和报表

C. 执行查询操作,以及数据的过滤、查找   D. 设置数据库表记录的值

二、填空题

1. 在宏中加入_____,可以限制宏在满足一定的条件时才能完成某种操作。

2. 经常使用的宏运行方法是：将宏赋予某一个窗体或报表控件的_____,通过触发事件运行宏。

3. _____宏操作中操作的功能是显示消息。

4. _____是共同存储在一个宏名下的相关宏的集合。

三、简答题

1. 什么是宏？宏的作用是什么？

2. 按照组织方式划分,宏分为几类？简述各类宏的主要用途。

3. 条件宏最主要的目的是什么？

第 9 章

VBA 程序设计基础

本章主要包括模块概述、数据的表现形式、VBA 程序的流程控制、VBA 过程、ADO 对象模型 5 个部分。需要学习者了解 VBA 模块的概念，熟悉 VBA 编程的环境，熟练掌握 VBA 程序的基本语法、编辑、运行和调试，能编写简单的 VBA 程序完成事件处理。掌握了 VBA，可以规范用户的操作，响应用户的操作行为。

9.1 模块概述

9.1.1 模块分类

VBA(Visual Basic for Applications)是 VB(Visual Basic)的一种宏语言，是微软在其桌面应用程序中执行通用的自动化(OLE)任务的编程语言，主要用来扩展 Windows 的应用程序功能，特别是在 Microsoft Office 软件中。VBA 是基于 VB 发展而来，与 VB 具有相似的语言结构，但没有独立的工作环境，必须依附于某一个主应用程序，如 Word、Excel、Access 等。模块是用于封装 VBA 代码的容器，是由声明和一个或多个过程组成的单元，可以包含子过程(Sub 过程)、函数过程(Function 过程)、变量等。按照所处的位置不同，模块又可分为数据库对象模块、标准模块和类模块。

1. 数据库对象模块

数据库对象模块其实是一个依据数据库对象定义的模块，它封装了一些属性和方法，包括窗体模块和报表模块。窗体模块中包含指定的窗体或其中控件的事件所触发的所有事件过程的程序，这些过程用于响应窗体中的事件，可以使用事件过程来控制窗体的行为及它们对用户操作的响应。报表模块与窗体模块类似，不同之处是过程响应和控制的是报表的行为。

2. 标准模块

在标准模块中，放置的是可供整个数据库使用的公共过程，这些过程不与任何对象关联。如果需要设计的 VBA 程序具有在多个地方使用的通用性，就把它放在标准模块中。每个标准模块有唯一的名称，在导航窗格的"模块"对象中，可以查看数据库中的标准模块。

3. 类模块

类模块是指自定义类模块，不与窗体和报表相关联。类模块使用面向对象的思想，允许用户自定义类所需的对象、属性和方法。

9.1.2　VBE 环境

Visual Basic 编辑器（Visual Basic editor，VBE）是 VBA 的开发环境，以 Visual Basic 开发环境为基础，集编辑、编译、调试等功能于一体。

1. VBE 的启动

在 Access 2021 主窗口中，启动 VBE 的方法有多种。单击"创建"选项卡，在"宏与代码"组中单击"模块""类模块"或"Visual Basic"按钮，均可以打开 VBE 窗口，如图 9-1 所示。

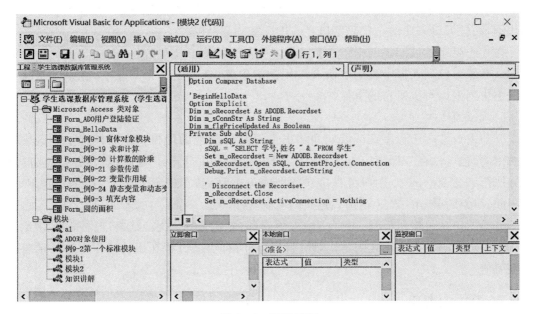

图 9-1　VBE 窗口

另外，在导航窗格的"模块"组中双击所要显示的模块名称；在 VBE 的菜单栏中，选择"插入"→"模块"命令；在设计视图中，单击"查看代码"按钮；或者利用"事件生成器"命令，选择"代码生成器"选项。以上方法均可打开 VBE 窗口。

2. VBE 窗口的组成

VBE 窗口除了主窗口外，主要由工程资源管理器窗口、属性窗口、代码窗口和立即窗口等组成。另外，可以通过 VBE"视图"菜单中的相应命令，打开对象窗口、对象浏览器、本地窗口和监视窗口等。

1）VBE 主窗口

VBE 主窗口中有菜单栏和工具栏，VBE 的菜单栏包括"文件""编辑""视图""插入""调试""运行""工具""外接程序""窗口"和"帮助"10 个菜单项，其中包含了各种操作命令。另外，VBE 主窗口中显示的是"标准"工具栏，包括创建模块时常用的按钮。其他工具栏可以通过选择"视图"→"工具栏"命令来显示。

2）工程资源管理器窗口

工程资源管理器窗口列出了在应用程序中用到的模块。使用该窗口,可以在数据库内各个对象之间进行快速浏览。各对象以树形图的形式分级显示在窗口中,包括数据库对象模块、标准模块和类模块。要查看对象的程序语句,只需在该窗口中双击对象即可。要查看对象的窗体,可以右击对象名,然后在弹出的快捷菜单中选择"查看对象"命令。

3）属性窗口

属性窗口列出了所选对象的各种属性,可按字母和分类排序来查看属性。可以直接在属性窗口中对这些属性进行编辑,还可以在代码窗口中用 VBA 语句设置对象的属性。

4）代码窗口

在代码窗口中可以输入和编辑 VBA 程序。可以打开多个代码窗口来查看各个模块的代码,而且可以方便地在代码窗口之间进行复制和粘贴。

在代码窗口的顶部是两个下拉列表框,左边是对象下拉列表框,右边是事件下拉列表框。对象下拉列表框中列出了所有可用的对象名,选择某一个对象后,在事件下拉列表框中将列出该对象所有的事件。

5）立即窗口

立即窗口常用于程序在调试期间输出中间结果及帮助用户在中断模式下测试表达式的值等,也可以在立即窗口中直接输入 VBA 命令并按"Enter"键,此后 VBA 会实时解释并执行该命令。例如,用户可直接在立即窗口中利用"?"或 Print 命令或 Debug.Print(Debug 对象的 Print 方法)输出表达式的值。

立即窗口在单步执行时,可直接输入语句和命令并查看执行结果;监视窗口显示当前工程中定义的监视表达式的值;本地窗口显示所有当前过程在执行过程中的变量声明和变量值。

9.1.3 模块的创建

创建模块对象需启动 VBE,在 VBE 中编写 VBA 函数和过程。由于类模块的学习超出了本书的学习范围,因此本节仅介绍创建数据库对象模块和标准模块的方法。

1. 创建数据库对象模块

在 Access 2021 中创建一个窗体或报表,都会自动创建一个对应的窗体模块或报表模块。在窗体设计视图中选定窗体控件,单击属性窗口中的"事件"选项卡(或单击"标准"工具栏中的"生成器"按钮,或单击鼠标右键,从快捷菜单中选择"事件生成器"命令),选定某个事件,单击单元格右边的"生成器"按钮,在"选择生成器"对话框中选择"代码生成器",单击"确定"按钮。此时创建的模块与窗体或报表有关,属于类模块中的窗体模块或报表模块。

例 9-1 建立第一个数据库对象模块,单击命令按钮时显示"欢迎使用 Access!"。

操作步骤:

（1）通过设计视图创建窗体并设置窗体属性,使"记录选择器""导航按钮""分隔线"均不显示,如图 9-2 所示。

图 9-2 窗体设计

图 9-3 代码设计

（2）在设计视图中，选择并添加名称为"Command0"的命令按钮控件，同时关闭控件向导。右击命令按钮控件，从快捷菜单中选择"事件生成器"命令，在"选择生成器"对话框中选择"代码生成器"，打开 VBE 窗口。

（3）在事件过程中输入如下代码（见图 9-3）。

```
Private Sub Command0_Click()
    MsgBox "欢迎使用 Access！"
End Sub
```

（4）转到窗体视图（按"Alt"＋"F11"组合键可快速切换主窗口和 VBE 窗口），单击命令按钮测试。

2. 创建标准模块

单击"创建"选项卡，在"宏与代码"组中单击"模块"或"类模块"按钮，打开 VBE 窗口并建立一个新的模块。选择"插入"→"模块"命令，可以创建新的标准模块；选择"插入"→"类模块"命令，可以创建新的类模块。或单击 VBE"标准"工具栏中的"插入模块"的下拉按钮，从下拉列表中选择"模块"命令或"类模块"命令。

例 9-2 建立第一个标准模块，运行时显示"欢迎使用 Access！"。

操作步骤：

（1）在数据库中，单击"创建"选项卡，在"宏与代码"组中单击"模块"按钮，标准模块自动命名为"模块 1"。单击"保存"按钮，为模块起名为"例 9-2 第一个标准模块"。

（2）输入如图 9-3 所示的代码。

（3）在 VBE 窗口中，将光标（或插入点）置于新输入的代码内部。

（4）选择"运行"→"运行子程序"命令，窗口显示欢迎信息。另外，在不选中任何过程时，打开"宏"对话框，也可以执行相应的过程。

3. 创建过程

在 VBA 模块中，使用过程来组织语句，即过程为模块的基本单元。过程在对象响应不同的事件时执行。事件可以由用户操作触发，如单击鼠标、键盘输入等事件，也可以由来自操作系统或其他应用程序的消息触发，如定时器事件、窗体装载事件等。一般地，通过宏操作或事件过程两种方法来处理窗体、报表或控件的事件响应。

在代码窗口上方，左边是对象下拉列表框，右边是事件下拉列表框，可以查看每一种对象所能识别的事件。当在对象下拉列表框中选定对象后，再在事件下拉列表框中选定需要的事件，系统会自动生成一个以"对象名_事件名"为名称的子过程。子过程的一般格式为

```
Private Sub 对象名_事件名([参数表])
……(事件过程代码)
End Sub
```

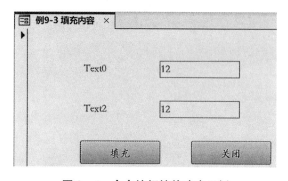

图 9-4　命令按钮控件响应示例

例 9-3　创建窗体，名称为"例 9-3 填充内容"，添加两个名称分别为"Text1"和"Text2"的文本框控件，以及两个标题分别为"填充"和"关闭"的命令按钮，如图 9-4 所示。要求：单击"填充"命令按钮时，将第 1 个文本框中的内容显示在第 2 个文本框中，单击"关闭"命令按钮时关闭该窗体。

操作要点：

（1）创建名称为"例 9-3 填充内容"的窗体，并添加如题控件。

（2）为标题是"填充"的命令按钮添加"单击"事件过程，并在子过程中添加如下代码。

Me.Text2.Value ＝ Me.Text1.Value

或 Forms!例 9-3 填充内容!Text2.Value ＝ Forms!例 9-3 填充内容!Text1.Value

或 Text2.Value ＝ Text1.Value

（3）为标题是"关闭"的命令按钮添加"单击"事件过程，并在子过程中添加如下代码。

DoCmd.Close acForm, "例 9-3 填充内容"。

9.1.4　代码的调试

1. 程序的错误类型

在代码编写阶段，可能会出现拼写错误、语句缺失等问题，导致 VBA 解释器无法理解该语句，从而编译失败。这类错误称为语法错误或编译错误。

在程序执行过程中，由于无效的输入、资源不足或其他运行时异常导致的错误称为运行时错误。常见的运行时错误包括除零错误、类型不匹配错误、数组索引越界、向不存在的文件写入数据等。

虽然语法是正确的，也得出了结果，但程序运行结果未达到预期，这是因为程序存在

逻辑错误。这种错误通常是由于代码的设计或实现问题引起的,需要进行仔细的代码审查和测试来发现和修复。

2. 程序的断点设置

在 VBE 中,可以通过设置断点,通过单步执行查看单步结果,从而调试模块代码,如图 9-5 所示。断点可以挂起 Visual Basic 代码的执行,此时,程序仍在运行,只是在断点位置暂停下来。此时可以进行调试工作,检查当前变量值或者单步运行每行代码。在代码窗口中,将光标定位移到要设置断点的语句行,选择"调试""切换断点"命令即可设置断点。

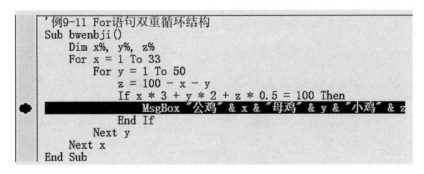

图 9-5　在代码中设置断点

3. 监视代码的运行

在调试程序的过程中,可以通过监视窗口和本地窗口对调试中的程序变量或表达式的值进行跟踪,主要用来判断逻辑错误。

也可以在代码窗口中选择一个表达式之后,单击"调试"工具栏中的"快速监视"按钮,系统将会立即打开"快速监视"对话框,显示该表达式的状态,如图 9-6 所示。

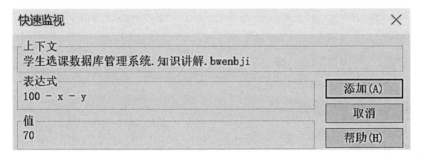

图 9-6　"快速监视"对话框

4. 程序的错误处理

所谓错误处理,就是当代码运行时,如果发生错误,可以捕获错误,并按照程序设计者的方法来处理错误。错误处理一般分为两步,首先利用 On Error 语句激活错误捕获;其次,编写错误处理代码。由程序员编写错误处理代码,根据可预知的错误类型决定采取哪种措施。

9.1.5 代码的保护

开发完数据库产品以后,为了防止他人查看或更改 VBA 代码,需要对该数据库的 VBA 代码进行保护。对 VBA 设置密码可以防止其他非法用户查看或编辑数据库中的程序代码,如图 9-7 所示。

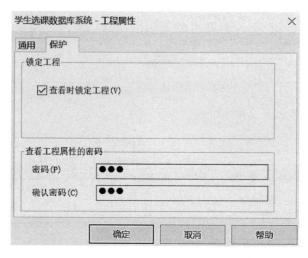

图 9-7 工程代码的保护

(1) 启动 Access 2021,打开"学生选课数据库系统"。

(2) 切换到"创建"选项卡,单击"宏与代码"组中的"Visual Basic"按钮,打开 VBE 窗口。

(3) 在 VBE 窗口中,选择"工具"→"Access 数据库或 Access 项目名属性"命令,打开"工程属性"对话框。

(4) 切换到"保护"选项卡,选中"查看时锁定工程"复选框,进行工程属性的密码设置,如图 9-7 所示。

9.2 数据的表现形式

9.2.1 常量与变量

一个程序包括常量、变量、运算符、语句、函数、数据库对象和事件等基本要素。需要为上述要素指定各自的名称,以便程序调用。

在 VBA 程序中,常量、变量和数组的命名规则如下。

(1) 必须以字母(或汉字)开头,可以包含字母、数字或下划线字符。

(2) 名称的长度不能超过 255 个字符。

(3) 不能使用空格、句点(.)、惊叹号(!),以及@、&、$、#等字符。

（4）不能与 Visual Basic 保留字（如 For、To、Private 等）相同。

（5）不能在同一过程中声明两个相同名称的变量。

（6）名称不区分大小写，如 VarA、Vara 和 varA 是同一变量。

1. 常量

VBA 的常量是指在程序运行过程中固定不变的量，包括数字常量、字符串常量、布尔常量（True 或 False）、日期常量，以及由 VBA 预先定义的常量，如 VBA 用 vbKeyReturn 来表示"Enter"键，它的 ASCII 码值为 13。

除上述常量外，用户可以使用 Const 语句声明常量，常量在程序运行过程中不可再次赋值。Const 语句的声明格式为

［Public/Private］Const 常量名［As 类型关键字］＝ 表达式［，常量名［As 类型关键字］＝ 表达式］

其中：

（1）［Public/Private］表示这个常量是可以在整个程序中的所有过程中使用（Public），还是只能在定义这个常量的过程中使用（Private）。

（2）常量名用标识符命名。

（3）［As 类型关键字］用来表明常量的数据类型。若省略该项，则由系统根据表达式的求值结果，确定最合适的数据类型，使用时去掉"［］"。

（4）［，常量名［As 类型关键字］＝ 表达式］用于表示定义多个常量。

2. 变量

变量是在程序运行过程中可以修改的数据。在 Visual Basic 中，变量的使用并不强制要求"先声明，后使用"，但是在使用一个变量之前先声明该变量，可以避免发生某些程序错误。通常使用 Dim 语句声明变量，语法格式为

Dim 变量名称［As 数据类型或对象类型］［，变量名称［As 数据类型或对象类型］］

其中，Dim 的作用和常量定义语句中 Const 的作用类似。

3. 数组

数组是一个特殊的变量，是包含相同数据类型的一组变量的集合。数组可以是一维的、二维的或者多维的。数组定义的语法格式为

Dim 数组名（［下标 1 下界 To］下标 1 上界［，［下标 2 下界 To］下标 2 上界］…）As 类型关键字

其中，下标下界的默认值为 0，可以省略不写。在使用数组时，可以在模块的通用声明部分使用"Option Base 1"语句来指定数组的下标下界从 1 开始。

9.2.2　数据类型

数据类型反映了数据在内存中的存储形式及所能参与的运算。VBA 的数据类型分为系统定义数据类型和用户自定义数据类型两种。

1. 系统定义数据类型

表 9-1 显示了系统定义数据类型，以及存储数据的大小和范围。

表 9-1　系统定义数据类型

数据类型	空间大小	范　　围
Byte	1 个字节	存储为一个不带符号的 8 位(1 个字节)数字,值范围为 0~255。Byte 数据类型对包含二进制数据非常有用
Boolean	2 个字节	True 或 False
Integer	2 个字节	$-32,768$~$32,767$
Long	4 个字节	$-2,147,483,648$~$2,147,483,647$
Single	4 个字节	负值：-3.402823×10^{38}~-1.401298×10^{-45} 正值：1.401298×10^{-45}~3.402823×10^{38}
Double	8 个字节	负值：$-1.79769313486231\times10^{308}$~$-4.94065645841247\times10^{-324}$ 正值：$4.94065645841247\times10^{-324}$~$1.79769313486232\times10^{308}$
Date	8 个字节	公元 100 年 1 月 1 日到公元 9999 年 12 月 31 日
String	字符串长度	1 到大约 65,400

2. 用户自定义数据类型

VBA 允许用户使用 Type 语句自定义数据类型。用户自定义数据类型可包含一个或多个某种数据类型的数据元素。Type 语句的语法格式为

```
Type 数据类型名
    数据元素定义语句
End Type
```

例如,下面的 Type 语句定义了一个 StudentType 数据类型,它由 StudentName、StudentSex 和 StudentBirthDate 3 个数据元素组成。

```
Type StudentType
    StudentName As String          '定义字符串变量存储姓名
    StudentSex As String           '定义字符串变量存储性别
    StudentBirthDate As Date       '定义日期变量存储出生日期
End Type
```

声明和使用变量的形式如下。

```
Dim Student As StudentType
Student. StudentName = "张三"
```

```
Student. StudentSex = "男"
Student. StudentBirthDate = # 12/12/2020#
```

3. 声明常量与变量

1) 声明符号常量

Const Pi = 3.1425926　　'定义 Pi 为符号常量,代表 3.1425926

2) 声明变量

数据类型是变量的特征,它决定了变量可以包含哪种数据。变量的类型可以是基本的数据类型,或者是其他应用程序的对象类型,如 Form、RecordSet 等。在声明变量时,可以提供变量的数据类型。若省略了数据类型,则系统会将变量设置为 Variant 类型。

另外,有些数据类型可以通过类型声明字符来声明数据类型,如整型为%,货币型为@,字符串型为 $,长整型为 &,单精度型为!,双精度型为 #。

例如:

Dim Var1 %, Var2 As String, Var3 As Date, Var4

其中,Var1 的数据类型为整型,Var2 的数据类型为字符型,Var3 的数据类型为日期型,Var4 的数据类型为 Variant 类型,因为声明时没有指定它的类型。

对于字符串变量,分为定长和变长两种。例如:

Dim s1 As String, s2 As String * 10

其中,s1 是变长字符串变量,s2 是定长字符串变量。

变量指向内存的某个单元,在程序执行的过程中,可以在这个内存单元中存取数据,写入数据就是给变量赋值,格式为

变量名 = 表达式

例如:

Dim s1 As String

s1 = "hello!"

3) 声明数组变量

数组分为固定大小数组和动态数组两种类型。

(1) 声明固定大小数组

Dim MyArray(10, 10)As Integer

其中,MyArray 是数组名,它是含有 11X11 个元素的 Integer 类型的二维数组。上述语句等价于"Dim MyArray(0 to 10, 0 to 10)As Integer"或者"Dim MyArray(10, 0 to 10)As Integer"。

(2) 声明动态数组

动态数组可以在执行程序时改变数组大小。首先,利用 Dim 语句声明数组,不需要给出数组大小。使用时,ReDim 语句是去更改动态数组,此时数组中存在的值会丢失。若要保存数组中原先的值,则可以使用 ReDim Preserve 语句来扩充数组。

例如：

```
Dim MyArray(  )As Single        '使用 Dim 语句声明动态数组
ReDim MyArray(2)                '使用 ReDim 语句声明动态数组的大小
MyArray(1) = 10                 '为动态数组各个元素赋值
MyArray(2) = 20                 '再次改变动态数组的大小,保留了原来的数
                                组元素的值
ReDim Preserve MyArray(10)
```

9.2.3 内部函数

Access VBA 的内部函数包括数学函数、字符串函数、日期和时间函数、类型转换函数、测试函数及域聚合函数等。

（1）数学函数包括 Abs、Atn、Cos 等函数。

（2）字符串函数包括 InStr、Lcase、Left 等函数。

（3）日期和时间函数包括 Date、Now、Time、Year、Month 等函数。

（4）类型转换函数包括 Asc、Chr、Str、Val、Cbool 等函数。

（5）测试函数包括 IsArray、IsDate、IsNumeric、IsNull、IsEmpty 等函数。

（6）域聚合函数包括 Dsum、Davg、Dcount 等函数。

通过域聚合函数,可以从整个数据集中提取并聚合统计信息。其与聚合函数的区别在于,聚合函数会在求值之前先对数据集进行分组,而域聚合函数对整个数据集求值。因此,域聚合函数永远不会返回多个值。域聚合函数的使用格式是

域聚合函数(表达式,域,条件)

其中,"表达式"是必要字段,用于标识要汇总其值的数值字段;"域"是必要字段,标识构成域的记录集,可以是表名或不需要参数的查询的查询名称;"条件"为可选项,用于限制执行函数的数据范围的字符串表达式。常用的域聚合函数如表 9-2 所示。

表 9-2　常用的域聚合函数

函　数　名	功　能　说　明
DSum	字段合计
DAvg	字段均值
DCount	字段计数
DLookup	满足匹配条件的指定字段的第一个值
DMin/Dmax	域的最小值、最大值

续　表

函　数　名	功　能　说　明
DFirst/DLast	域中的第一个值、最后一个值
DStDev/DStDevP/DVar/DvarP	标准差、方差

下面以"在窗体中实现依据学号更新学生姓名"为例,具体说明 DLookUp 函数在窗体中的应用。

操作步骤:

(1)创建未绑定窗体,并在窗体的设计视图中添加如图 9-8 所示的组合框和文本框控件,其中组合框的名称为"Combo0"。

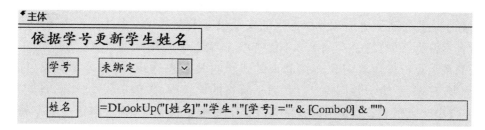

图 9-8　DoLookUp 聚合函数应用

(2)设置组合框的"行来源"属性为"Select 学生.学号 From 学生;"。

(3)设置文本框的"控件来源"属性为"=DLookUp("[姓名]","学生","[学号]='" & [Combo0] & "'")"。

9.2.4　运算符与表达式

VBA 中有算术运算符、关系运算符、逻辑运算符和连接运算符等,如表 9-3 所示。

表 9-3　VBA 的运算符

算术运算符	关系运算符	逻辑运算符	连接运算符
幂(^)	相等(=)	非(Not)	&、+
求反(-)	不等(<>)	与(And)	
乘和除(*、/)	小于(<)	或(or)	
整除(\)	大于(>)	异或(Xor)	
模数算术运算 Mod()	小于或等于(<=)	Eqv	

算术运算符	关系运算符	逻辑运算符	连接运算符
加和减（＋，－）	大于或等于（＞＝）	Imp	
	Like，Is		

当表达式中进行多项运算时，会按照函数、算术运算符、连接运算符、关系运算符、逻辑运算符的先后顺序执行。在表 9-3 中，同类运算符中各运算符的优先级从上到下依次递减，关系运算符的优先级相同。当乘和除、加和减同时出现在一个表达式中时，从左到右执行每个运算。括号内的运算始终比括号外的运算先执行。字符串连接运算符 & 在所有关系运算符之前。Like 运算符的优先级与所有关系运算符相同。Is 运算符是对象引用关系运算符，它不比较对象或其值，只通过检查确定两个对象引用是否引用同一对象。

用算术运算符将运算对象连接起来的式子叫算术表达式。书写算术表达式时，表达式的所有字符都必须写在一行，乘号不能省略，所有括号均用圆括号表示。

用关系运算符将运算对象连接起来的式子叫关系表达式，其中运算对象可以是数值、字符串、日期、逻辑型数据等。在关系运算符的比较中，数值按大小比较，日期按先后比较，字符串按 ASCII 码排序的先后比较（如第 1 个字符相等，则比较第 2 个字符，直到比较出大小或比较完为止）。

用逻辑运算符将逻辑量连接起来的式子叫逻辑表达式，可以表示比较复杂的比较关系，其结果是布尔型数据。

用连接运算符将字符串数据连接而成的式子叫字符串表达式。当两个被连接的数据都是字符串时，"&"和"＋"的作用相同；当其中一个连接对象是数值时，"&"把数据转化为字符串之后再进行连接，此时用"＋"连接会出错。

9.2.5　VBA 常用语句

1. 书写规则

1）注释与缩进

注释语句用于描述程序中各个部分的作用，且在程序执行时被忽略。在 VBA 程序中，注释可以通过使用 Rem 语句或用单引号（'）来实现；采用缩进格式可以明确示意程序中语句的结构层次，可以利用 VBE 的"编辑"→"缩进"或"凸出"命令进行设置。

2）语句连写和换行

一般一条语句占一行。当一条语句过长时，可以采用断行的方式，用续行符（一个空格后面跟一个下划线）将长句分成多行；当语句过短时，可将多条语句合并到同一行上，此时，需用冒号（:）将它们隔开。

3）声明与赋值

用户可以给变量、常量或程序取名，并指定一个数据类型，即为语句声明。而赋值语

句用于将右边表达式的值赋给左边的变量,语法格式为

变量名 ＝ 表达式

赋值语句两端类型相同时,如果变量未被赋值而直接引用,则数值型变量的值默认为 0,字符型变量的值默认为空字符串,逻辑型变量的值默认为 False。

此外,还可以使用 Let 语句赋值。例如,A＝56 与 Let A＝56 等价。在赋值语句中,也可以利用 Set 语句将某个对象赋予已声明为对象的变量,并且 Set 语句是必备的。

例如:

```
Dim ab As Object
Set ab = OpenDatabase("c::\db1.accdb")
```

再如:

```
x = 5
s = 3.14 * x ^2
y = Int(s)
x = y
x = x + 1
label0.caption = "总成绩"
```

2. 输入、输出

在窗体中利用文本框等控件可以实现输入、输出,而 VBA 程序的输入、输出是通过相应的函数所提供的图形化界面实现的,其中输入函数为 InputBox,输出函数为MsgBox。另外,利用 Print 方法也可以实现输出。

1) InputBox 函数

InputBox 函数用于在一个对话框中显示提示,等待用户输入正文并按下按钮,然后返回包含文本框内容的数据信息。

函数格式:

InputBox(Prompt[, Titlel(, Default[, Xpos][, Ypos][, Helpfile, Context])])

其中,Prompt 为字符串表达式,用于指定在对话框中显示的信息文本。

2) MsgBox 函数

MsgBox 使用对话框输出信息。对话框由标题栏信息、提示信息、一个图标、一个或多个命令按钮 4 个部分组成,图标的形式及命令按钮的个数可以由用户设置。

函数格式:

MsgBox(Prompt[, Buttons][, Title] [, Helpfile] [, Context])

其中,Prompt 为字符串表达式,用于指定在对话框中显示的信息文本。Buttons 为数值表达式,用于设定对话框中的按钮、图标和默认按钮。如例 9 - 4 中,1＋48＋0 或

VbOKCancel ＋ VbExclamation ＋ vbDefaultButton1,均显示对话框具有"是"和"否"两个按钮,框内显示问号图标,并且第一个按钮为默认按钮。

例 9 - 4 MsgBox 函数使用示例。

```
Private Sub inputBox_MsgBox()
    '将输入框输入的值赋予变量 q1
    q1 = InputBox("请输入您的出生日期","输入出生日期","20081201")
    q2 = MsgBox("你的出生日期是:" & q1, 1 + 48 + 0, "确认框")
    Select Case q2
        Case vbOK   '单击"确定"按钮
            MsgBox "已选[确定]",, "消息"          '单击"确定"按钮
        Case vbCancel '按取消按钮
            MsgBox "已选[取消]",, BT              '单击"取消"按钮
    End Select
End Sub
```

注意: 本例中提到 MsgBox 函数的两种调用规则,若 MsgBox 函数作为表达式调用,必须用括号将其参数括起来;若函数占一个语句行像过程一样调用,则应省略括号。否则,均会引起语法错误。

9.2.6 面向对象编程概述

Access 内嵌的 VBA 采用目前主流的面向对象机制和可视化编程环境。在 VBA 编程中,对象无处不在,如窗体、报表和宏等,以及各种控件,甚至数据库本身也是一种对象。

面向对象的程序设计思想,把现实世界看成是由许多对象所组成的,各种类型的对象之间可以互相发送和接收信息。从程序设计的角度来看,每个对象的内部都封装了数据和方法。

1. 对象

在客观世界中,可以把具有相似特征的事物归为一类,也可以把具有相同属性的对象看成一类,例如,动物、人、花等类别。类就是具有相同属性和相同操作的一组对象的定义,而对象就是类的一个具体实现、一个实例。再如,学生可以看成一个类,而学生 A 则看作一个具体的对象。

用对象名标识具体的对象,有效的对象名必须符合 Access 的命名规则。在 Access 中新建对象时,都会自动产生一个对象名,默认的对象名是对象名加上一个唯一的整数。一般规则如下。

(1) 第 1 个新窗体的名称为"窗体 1",第 2 个新窗体的名称为"窗体 2",以此类推。

(2) 对于未绑定控件,默认名称是控件的类型加上一个唯一的整数。例如,第一个添加到窗体的文本框控件,自动命名为"Text0"。

(3) 对于绑定控件,如果通过从字段列表中拖放字段创建,则对象的默认名称是记录

源中字段的名称。

在 Access 中,有 23 个常用的对象。可以将这些对象分成根对象和非根对象。根对象处于高层,没有父对象;非根对象有父对象。各对象的名称及功能如表 9-4 和表 9-5 所示。

表 9-4　Access 中的根对象

对象名	说　　　明	对象名	说　　　明
Application	应用程序,指 Microsoft Access 环境	Reports	当前环境下报表的集合
DBEngine	数据库管理系统	Screen	屏幕对象
Docmd	运行 Visual Basic 具体命令的对象	Dubeg	Debug 窗口对象
Forms	当前环境下窗体的集合		

表 9-5　Access 中的非根对象

对象名	说明	对象名	说明	对象名	说明	对象名	说明
Workspaces	工作区间	Recordset	记录	Filed	字段	Report	报表
Database	数据库	Relation	关系	Parameter	参数	Module	模块
User	用户	QueryDef	查询	Index	索引	Control	控件
Group	用户组	Container	容器	Document	文档	Section	节对象
TableDef	表	Property	属性	Form	表单		

2. 属性

属性描述对象的特征,每一种对象都有一组特定的属性。例如,窗体对象具有“标题”“名称”等属性。在代码、宏或表达式中,一般通过输入标识符来引用相应的对象或属性,“!”和“.”是引用对象或属性的重要运算符。

在 Visual Basic 中,“!”加中括号用于引用对象,还可以通过括号和双引号的组合包含对象名来引用对象。如果需要引用变量,则必须使用括号。例如:

Forms![供应商]![供应商 ID]

Forms("供应商")("供应商 ID")

引用窗体集中“供应商”窗体中的“供应商 ID”控件。

3. 方法

对象的属性是静态变量,那么对象的方法便是动态操作,目的是改变对象的当前状态。例如,可以使用 SetFocus 方法将光标插入点移入某个文本框内。需要注意的是,对象的方法并不显示在属性对话框中,只显示在程序代码中。

在 VBA 程序设计中,经常要引用对象和对象的属性或方法。属性和方法不能单独使用，它们必须和对应的对象一起使用。用于分隔对象和属性或方法的操作符是"."，称为点操作，如表 9-6 所示。

表 9-6　对象引用示例

操作目的	语　法　格　式	举　　例
引用对象属性	对象名.属性名	Command0.BackColor
改变对象属性值	对象名.属性名＝值	Command1.Caption ＝"计算"
引用对象方法	对象名.方法名(参数 1,参数 2,…)	Command0.OnClick
多重对象确定	对象名!对象名	MyForm!Cmd_Button1

当需要通过多重对象来确定一个对象时，需要使用"!"运算符逐级确定对象。例如，要确定在 MyForm 窗体对象上的一个命令按钮控件 Cmd_Button 1，可表示为

MyForm!Cmd_Button1

对于当前对象，可省略对象名，也可以使用 Me 关键字代替当前对象名。

当引用对象的多个属性时，可使用 With … End With 结构，而不需要重复指出对象的名称。例如，如果要给命令按钮 Cmd1 的多个属性赋值，可表示为

```
With Cmd1
    Caption = "确定"
    Height = 2000
    Width = 2000
End With
```

Access 2021 提供了一个重要的对象，称为 DoCmd 对象，它的主要功能是通过调用包含在内部的方法实现 VBA 程序设计中对 Access 的操作。例如，利用 DoCmd 对象的 OpenReport 方法打开"学生"报表，语句为

DoCmd.OpenReport "学生"

大多数 DoCmd 对象的方法具有多个参数，有些必需，有些可选。如果省略可选参数，则参数假定特定方法的默认值。例如，OpenForm 方法使用 7 个参数，但仅有第一个参数 FormName 是必需的，其他参数均可省略。

DoCmd 对象还有许多方法，如 OpenTable、OpenForm、OpenQuery、OpenModule、RunMacro、Close、Quit 等，可以通过帮助文件查询它们的使用方法。

4. 事件

事件是对象对外部操作的响应，外部操作包括移动鼠标、单击、双击、滑过、按下键盘的某一个键等。每个对象都有一个默认事件。例如，命令按钮、标签的默认事件都是

Click,文本框的默认事件是 BeforeUpdate。

另外,在窗体及报表的设计视图中,属性对话框的各个属性以中文显示。但是,在 VBA 程序设计中,属性、事件和方法通常用英文来表示。例如,"标题"属性用 Caption 表示;"单击"事件用 Click 表示,"获取焦点"事件用 GotFocus 表示。

5. 事件过程

尽管系统对每个对象都预先定义了一系列的事件集,但要判断它们是否响应某个具体事件以及如何响应事件,就需要编程来实现。例如,需要命令按钮控件响应 Click 事件,就把完成 Click 事件功能的代码写到 Click 事件过程中。

事件过程是事件的处理程序,与事件是一一对应的。事件过程的一般格式为

Private Sub 对象_事件名()

(代码块)

End Sub

9.3　VBA 程序的流程控制

计算机程序的控制流程有 3 种基本结构:顺序结构、分支结构和循环结构,分别对应顺序控制、选择控制和循环控制 3 种程序控制流程。在面向过程的程序设计中,从宏观到微观,程序都是由这 3 种结构组成的。

9.3.1　顺序结构

顺序结构是最简单的程序结构,也是最常用的程序结构,即程序总是由上至下依次执行,排在前面的代码优先执行,排在后面的代码后执行。

例 9-5　顺序结构示例。

```
Sub welcome()
    Dim name As String      '定义字符串变量
    name = InputBox("请输入你的姓名:", "输入姓名")
    MsgBox name & ",欢迎你来到 VBA 世界!", vbOKOnly, "欢迎信息"
End Sub
```

9.3.2　分支结构

分支结构是指依据判定条件决定下一步的执行程序,包含 If 选择语句和 Switch 选择语句。分支结构分为单分支结构、双分支结构和多分支结构 3 种。

1. If…Then…Else 语句

If 结构根据表达式的值有条件地执行一组语句。完整的语法结构为

```
If 表达式 [Then]
    [语句组 1]
[ElseIf 表达式 [Then]
    [语句组 2]]
…
[Else
    [语句组 3]]
End If
```

例 9-6 利用输入框输入货物质量,并依据货物质量计算运费。当货物质量小于或等于 3 kg 时,运费为 10 元;当货物质量大于 3 kg 时,运费为 10+(货物质量-3)×5。

```
Sub mailfee()
    Dim w, fee As Single
    w = InputBox("请输入货物质量(千克)","输入质量")
    If w < = 3 Then fee = 10        '单分支结构,EndIf 可以省略
    If w > 3   Then fee = 10 + (w - 3) * 5
    MsgBox "需要支付的运费是:" & fee & "元",vbOKOnly,"结果"
End Sub
```

例 9-7 利用输入框输入货物质量,并依据货物质量计算运费。当货物质量小于 3 kg 时,运费为 10 元;否则,运费为 10+(货物质量-3)×5。

```
Sub mailfee2()
    Dim w, fee As Single
    w = InputBox("请输入货物质量(千克)","输入质量")
    If w < = 3 Then
        fee = 10
    Else
        fee = 10 + (w - 3) * 5
    End If
    MsgBox "需要支付的运费是:" & fee & "元", vbOKOnly, "结果"
End Sub
```

例 9-8 编写程序,将学生的百分制成绩按要求转换成相应的等级输出:如果是 100 分,输出"满分";成绩在[80, 100]中为"优秀";成绩在[60, 80)中为"良好";成绩在 60 分以下的为"不及格"。

```
Private Sub grade()
    Dim score As Integer
    score = InputBox("请输入成绩(0 至 100 分)", "输入成绩")
    If score = 100 Then
        MsgBox "满分"
    ElseIf score > = 80 Then
        MsgBox "优秀"
    ElseIf score > = 60 Then
        MsgBox "良好"
    Else
        MsgBox "不及格"
    End If
End Sub
```

2. Select Case 语句

在条件判断后有多种选择的情况下,可以使用 Select Case 语句实现这种多条件的选择。Select Case 语句的语法格式为

```
Select  Case  <变量或表达式>
        Case  <表达式 1>
              <语句组 1>
        …
        Case  <表达式 n>
              <语句组 n>
        [Case  Else
              <语句组 n + 1>]
End Select
```

首先,计算变量或表达式的值,然后判断计算得到的值和某个 Case 表达式的值是否吻合。Case 语句是依次测试的,仅执行第一个符合 Case 条件的相关的程序代码。Case 表达式可以是 4 种格式之一,如例 9 - 9 的注释所示。

例 9 - 9 编写程序,将学生的百分制成绩按要求转换成相应的等级输出:成绩在[90,100]中为"优秀";成绩在[60,90)中为"良好";成绩等于 50 为"不及格";其他的为"太差了"。

```
Sub grade2()
    Dim score As Integer
    Dim s As Integer
```

```
    score = InputBox("请输入成绩(0 至 100 分)","输入成绩")
    s = Int(score / 10)
    Select Case s
        Case 9,10   '单一数值或并列的数值,如 Case 9,10
            MsgBox "优秀"
        Case 6 To 8   '关键字 To 分隔范围,如 Case 6 To 8
            MsgBox "良好"
        Case Is = 5   '关键字 Is 连接关系运算符,如 Is = 5
            MsgBox "不及格"
        Case Else
            MsgBox "太差了"
    End Select
End Sub
```

3. 条件函数

VBA 提供了 IIF、Switch 和 Choose 3 个函数直接完成选择操作。3 个函数由于具有选择特性而被广泛应用于查询、宏及计算控件的设计中。

(1) IIF 函数调用：IIF(条件,表达式 1,表达式 2)。

根据条件的计算结果(True 或 False),返回两个表达式中的一个。例如,取变量 a 和 b 的较大值,结果存放在变量 Max 中,语句如下。

```
Max = IIF(a > b,a,b)
```

(2) Switch 函数调用：Switch (条件 1,表达式 1,…,条件 n,表达式 n)。

根据"条件 1""条件 n"的值决定返回值。由左至右进行条件判断,在第一个条件为 True 时将对应的表达式返回。如果条件和表达式不成对,则会产生运行时错误。例如,依据城市名称输出使用的语言,语句如下。

```
Dim cityName As String
Switch(cName = "London", "English", cName = "Paris", "French")
```

(3) Choose 函数调用：Choose(索引式,选项 1,…,选项 n)。

依据"索引式"的值返回选项列表中的某个值。"索引式"的值为 1,函数返回"选项 1"的值;"索引式"的值为 2,函数返回"选项 2"的值,依此类推。当"索引式"的值小于 1 或大于列出的选择项数目时,返回无效值(Null)。例如,根据变量 x 的值来为变量 y 赋值,语句如下。

```
y = Choose(x,5,m + 1,n)
```

9.3.3　循环结构

在 VBA 中,有 3 种形式的循环结构:For 循环(For…Next 语句)、While 循环(While…Wend 语句)和 Do 循环(Do…Loop 语句)。其中,For 循环结构用于设计循环次数确定的循环结构;在 While 循环结构中,先判断循环的条件,满足则执行;而 Do 循环一般用来设计循环次数无法事先确定的循环结构。

1. For…Next 语句

For 循环能够重复执行程序代码确定次。For 循环的语法格式为

```
For 循环变量 = 初值  To  终值 ［Step 步长］
    循环体
Next ［循环变量］
```

首先,循环变量取初值,与终值进行比较,确定循环是否进行;其次,执行循环体;再次,循环变量值增加步长,即循环变量=循环变量+步长,循环变量再次"取值"。重复上述过程,直至不满足执行条件。

例 9-10　创建窗体并添加命令按钮(Command1)和标签(Label2),使用 For…Next 语句计算 1～100 之间数的和,并将计算结果赋予名称为 Label2 的标签控件的标题。

```
Private Sub Command1_Click()
  Dim i% , sum%
  For i = 1 To 100
        sum = sum + i
  Next i
  Label2.Caption = sum
End Sub
```

还有另一种 For…Next 语句,该语句为 For Each…Next 语句。如果不知道在某个对象集合中具体有多少个元素,只是需要对该数组或集合中的每个元素进行操作,就可以使用该语句,其语法格式为

```
For Each 元素名称 In 元素集合
    循环体
Next 元素名称
```

上述的元素可以是某个对象或集合中的元素，也可以是处于某个数组中的元素，一般该变量为 Variant 类型变量。

一个循环体内又包含了一个循环结构称为循环的嵌套。其格式为

```
For  ii = 1  To  10
    For jj = 1 To  20
        …
    Next  jj
Next  ii
```

例 9-11　百元买百鸡问题。假定小鸡每只 5 角，公鸡每只 2 元，母鸡每只 3 元，现在有 100 元钱要求买 100 只鸡，编程列出所有可能的购鸡方案，并将结果以对话框的方式弹出。

```
Sub bwenbji()
    Dim x% , y% , z%
    For x = 1 To 33
        For y = 1 To 50
            z = 100 - x - y
            If x * 3 + y * 2 + z * 0.5 = 100 Then
                    MsgBox "母鸡" & x & "公鸡" & y & "小鸡" & z
            End If
        Next y
    Next x
End Sub
```

2. While…Wend 语句

While 循环的语法格式为

```
While<条件表达式>
    <循环体>
Wend
```

计算条件表达式的值并进行判断，如果为 False，则退出循环；如果为 True，则执行循环体的语句。然后，改变循环变量的值，再判断条件表达式的值，重复该过程。

例 9-12　计算 $1+2+3+\cdots+100$ 的值。

```
Sub Sum2()
    Dim Sum As Integer，i As Integer
    Sum = 0    '保存累加和,先清零
    i = 1
    While i < = 100
        Sum = Sum + i
        i = i + 1
    Wend
    MsgBox "1 + 2 + 3 + … + 100 = " & Sum
End Sub
```

3. Do…Loop 语句

Do While 循环结构是当条件表达式结果为 True 时,重复执行循环体;当条件表达式结果为 False 或执行到 Exit Do 时,结束循环。Do Until 循环结构是当条件表达式结果为 False 时,重复执行循环体;当条件表达式结果为 True 时,结束循环。语句格式为

```
Do While|Until 条件表达式
    循环体
    [条件语句序列
    Exit Do
    结束条件语句序列]
Loop
```

例 9 - 13　用 Do While…Loop 语句计算 1～100 之间数的和。

```
Sub Sum3()
    Dim i As Integer
    Dim Sum As Integer
    i = 1
    Do While i < = 100
            Sum = Sum + i
        i = i + 1
    Loop
End Sub
```

例 9 - 14　用 Do Until…Loop 语句计算 1～100 之间数的和。

```
Sub Sum4()
    Dim i As Integer
    Dim Sum As Integer
    i = 1
    Do Until i > 100
        Sum = Sum + i
        i = i + 1
    Loop
End Sub
```

例 9 - 15 输入若干个学生成绩,以 -1 为结束标志,求这些成绩的平均值。

```
Sub avgCj()
    Dim cj As Integer, i As Integer, avg As Single
    i = 1
    cj = InputBox("请输入第" & i & "位学生的成绩")
    Do Until cj = - 1
        avg = avg + cj
        i = i + 1
        cj = InputBox("请输入第" & i & "位学生的成绩")
    Loop
    MsgBox ("平均成绩 = " & Round(Avg / (i - 1), 1))
End Sub
```

9.3.4 跳转语句

常用 Go To 语句和 Exit 语句跳出分支结构或循环结构。

1. Go To 语句

使用 Go To 语句可以无条件地将程序流程转移到 VBA 代码中的指定行。首先在相应的语句前加入标号,然后在程序需要转移的地方加入 Go To 语句。这类语句一般是跟随在条件表达式之后的,以防出现死循环。

例 9 - 16 Go To 语句示例。

```
Sub GotoStatementDemo()
    Dim Number, MyString
    Number = 1                    '初始化变量
    '判断数字并进入相应的分支
```

```
        If Number = 1 Then GoTo Line1 Else GoTo Line2
        Line1:
            MyString = "Number equals 1"
            GoTo LastLine          '跳转到最后一行
        Line2:
            '下面的语句永远不会执行
            MyString = "Number equals 2"
        LastLine:
            '在立即窗口打印"数字等于1"
            Debug.Print MyString
    End Sub
```

2. Exit 语句

使用 Exit 语句可以方便地退出循环、函数或过程，直接跳过相应的语句或结束命令。通过 Exit 关键字可以终结一部分程序的执行，更灵活地控制程序的流程。

例 9-17　循环 100 次，当随机生成的数为 7 时，跳出 For 循环；当随机生成的数为 27 时，跳出 Do 循环；当随机生成的数为 57 时，跳出子过程。

代码如下：

```
Sub ExitStatementDemo()
    Dim I，MyNum
    Do                             '设置无限循环
        For I = 1 To 100           '循环 100 次
            MyNum = Int(Rnd * 100) '产生随机数
            Select Case MyNum      '判断随机数
                Case 7: Exit For   '如果是 7,跳出 For 循环
                Case 27: Exit Do   '如果是 27,跳出 Do 循环
                Case 57: Exit Sub  '如果是 57,跳出子过程
            End Select
        Next I
    Loop
End Sub
```

9.4　VBA 过程

模块是 VBA 代码的容器，主要由 VBA 声明语句和一个或者多个过程组成。过程是

VBA 语句的集合,是 VBA 程序的最小单元,用于完成一个相对独立的操作。每个过程是一个可执行的程序片段,包含一系列的语句和方法;声明部分主要包括 Option 声明,变量、常量或者自定义数据类型声明。

(1) Option Explicit 语句,强制显式声明模块中的所有变量。

(2) Option Base 1 语句,声明模块中数组下标的默认下界为 1。

(3) Option Compare Database 语句,声明模块中需要进行字符串比较时,将根据数据库的区域 ID 确定的排序级别进行比较;不声明则按照 ASCII 码比较。

9.4.1　什么是 VBA 过程

VBA 过程可以划分为事件过程和通用过程,事件过程是专为特定事件编写的一组代码;通用过程是与特定事件无关的一组代码,能被多个同类型或不同类型的事件调用。VBA 过程也可分为有返回值过程(Function 过程)和无返回值过程(Sub 过程)。过程必须先声明,后调用,不同的过程有不同的结构形式和调用格式。

1. Sub 过程

Sub 过程可以执行动作、计算数值、更新并修改对象属性的设置,却不能返回一个值。Sub 过程的语法格式为

```
[Private | Public | Friend][Static] Sub 名称[(arglist)]
    [语句]
End Sub
```

语法格式说明:

(1) arglist 参数之间用逗号分隔,形参与实参要个数相同,类型匹配。

(2) 子过程的调用格式为

格式 1:Call　过程名(实参 1,实参 2,……)

格式 2:过程名　实参 1,实参 2,……

调用 Sub 过程时,格式 1 的实参必须加括号,格式 2 的实参不能加括号。

(3) 标准模块中的过程可以被所有对象调用,类(对象)模块中的过程只在本模块中有效。

例 9-18　创建两个子程序过程 add 和 substract,add 过程实现两个参数相加,substract 实现两个参数相减。利用 InputBox 函数输入两个数,并用不同的方式调用上述两个子程序过程,计算相加和相减的结果。

代码如下:

```
Sub add(a As Single, b As Single)
    Dim sum As Single
    sum = a + b
```

```
    MsgBox a & " + " & b & " = " & sum
End Sub
Sub substract(a As Single, b As Single)
    Dim sum As Single
    sum = a - b
    MsgBox a & " - " & b & " = " & sum
End Sub
Sub main()
    Dim x As Single, y As Single
    x = InputBox("x = ")
    y = InputBox("y = ")
    Call add(x, y)              '格式 1 方式调用 add 子程序
    substract x, y             '格式 2 方式调用 substract 子程序
End Sub
```

例 9-19　创建未绑定窗体,添加如图 9-9 所示的控件。分别为"求和"和"乘积"命令按钮添加事件过程,实现两个数值的相加和相减。

操作要点:

(1) 创建名称为"例 9-19 求和计算"的窗体,添加 3 个文本框和 2 个命令按钮。文本框的名称分别为"Text0""Text2"和"Text3",命令按钮的名称分别为"Command7"和"Command36"。

要求:在前两个文本框内输入数值,单击"求和"(命令按钮 Command7 的名称)和"乘积"(命令按钮 Command36 的名称)命令按钮之后,分别在第三个文本框内显示求和与乘积的结果。

(2) 命令按钮 Command7 对应的代码如下:

图 9-9　未绑定窗体设计

```
Sub Command7_Click()
    Dim a As Integer, b As Integer, c As Integer
    a = Forms ! 求和计算 ! Text0   '对于"当前对象","Forms ! 求和计算
!"可以省略或者用 Me 来代替
    b = Text2
    c = a + b
    Forms ! 求和计算 ! Text3 = c
End Sub
```

(3) 命令按钮 Command36 对应的代码如下：

```
Sub Command36_Click()
    Dim a As Integer, b As Integer, c As Integer
    a = Text0
    b = Forms！求积计算！Text2
    c = a * b
    Forms！求积计算！Text3 = c
End Sub
```

2. Function 过程

Function 过程又称为自定义函数，因为 Function 过程有返回值，所以建立 Function 过程时要给返回值定义数据类型。Function 过程通常在标准模块中定义，使用方法与内置函数相似。Function 过程的语法格式为

```
[公共|私有|好友][静态]Function 过程名称[(arglist)][As type]
    [语句]
    [过程名称 = 表达式]
    [Exit 函数]
    [语句]
    [过程名称 = 表达式]
End Function
```

语法格式说明：

(1) 形参与实参要个数相同、类型匹配。

(2) 函数过程名有值和类型，在过程体内至少被赋值一次，"过程名称＝表达式"是定义 Function 过程不可缺少的语句。

(3) 直接引用过程名称调用 Function 过程，过程名称通常用在表达式中。

例 9-20 使用 Function 过程，计算阶乘。

操作要点：

(1) 创建未绑定窗体，如图 9-10 所示。

(2) 为"计算"命令按钮（名称为"Cmd1"）添加事件过程 Cmd1_Click( )。

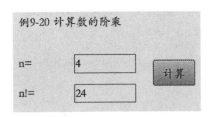

图 9-10 阶乘窗体设计

代码如下：

```
Sub Cmd1_Click()
    Dim m As Integer
```

```
    Dim pp As Long
    m = InputBox("阶乘数 ?")
    pp = jc(m)
    Debug.Print pp
End Sub
```

（3）在事件过程 Cmd1_Click 中，调用计算阶乘的函数过程 jc（其参数为任意整数）。代码如下：

```
Function jc(n As Integer) As Long
    Dim i, s As Long
    s = 1
    For i = 1 To n
        s = s * i
    Next i
    jc = s
End Function
```

9.4.2　参数传递

函数的参数，通俗来讲就是函数运算时需要参与运算的值，而参数放在参数表中。在函数调用的过程中，主调过程调用被调过程，过程之间有数据传递，也就是主调过程的实参传递给被调过程的形参，然后执行被调过程。实参向形参的数据传递有传值方式和传址方式两种方式。

1. 传值方式

传值方式是一种单向的数据传递，以 ByVal 说明符标识形参。调用时由实参将值传递给形参，被调过程结束后不能将操作结果返回给实参，故实参可以是变量或表达式。

2. 传址方式

传址方式是一种双向的数据传递，以 ByRef 说明符标识形参或不标识形参，可以理解为参数传递的是地址信息。调用时由实参将值传递给形参，被调过程结束后由形参将操作结果返回给实参，故实参只能是变量。

例 9-21　创建未绑定窗体，添加名称为"参数传递"的命令按钮，添加名称为"txt1"和"txt2"的文本框控件，对应标签控件名称为"Label1"和"Label2"。为"参数传递"命令按钮添加单击事件，代码如下：

```
Private Sub Cmd1_Click()
    Dim x% , y%
    x = txt1
    y = txt2
    Cscd  x, y
    Label1.Caption = "x = " & x
    Label2.Caption = "y = " & y
End Sub
Sub cscd(ByVal a As Integer, ByRef b As Integer)
        a = a + 10
        b = b + 10
End Sub
```

测试:

(1) 在两个文本框内为空时,直接单击"参数传递"命令按钮,查看 Label1 和 Label2 的标题内容,并分析其缘由。

(2) 在两个文本框内输入数字 10,单击"参数传递"命令按钮,查看 Label1 和 Label2 的标题内容,并分析其缘由。

9.4.3　变量的作用域和生存期

1. 变量的作用域

变量可被访问的范围称为变量的作用域,变量的作用域有 3 个范围: 局部范围、模块范围和全局范围。而过程的作用域只有模块范围和全局范围。

局部变量是指在某个过程内声明的变量,不能在该过程的外部使用或引用,在局部范围内存在,也称为过程级变量。在模块的过程内部用 Dim 或 Static 关键字声明局部变量。

```
Sub jia()
    Dim x% , y% , sum% , substract%        '定义局部变量,在过程内可见
    x = InputBox("x = ")
    y = InputBox("y = ")
    Sum = x + y
    MsgBox x & " + " & y & " = " & sum, vbOKOnly + vbInformation, "提示"
    substract = x - y
    MsgBox x & " - " & y & " = " & substract
End Sub
```

　　模块级变量是指用 Dim 或 Private 关键字在模块的通用声明区域声明的变量,在模块范围内存在。模块级变量仅在声明它的模块中的所有过程中使用,模块运行结束,模块变量的内容自动消失。

　　例 9 - 22　创建未绑定窗体,如图 9 - 11 所示,文本框名称由上到下依次为"Text0""Text2"和"Text6",命令按钮的名称由上到下依次为"Command6""Command7"和"Command8"。为 Command6 命令按钮添加单击事件,代码如下:

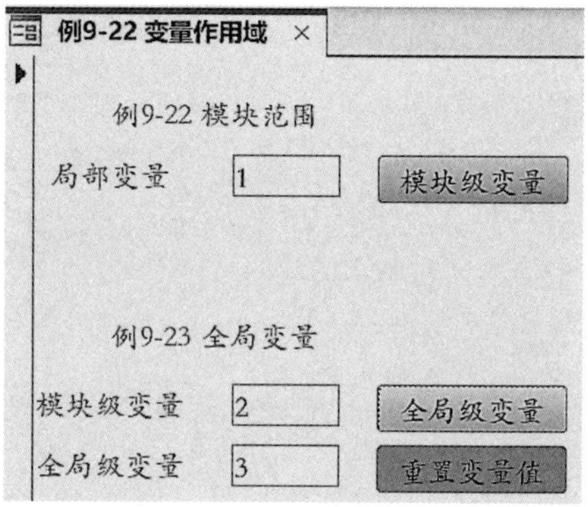

图 9 - 11　相关标准模块窗体设计

```
Option Explicit
Dim mokuai As Integer
Option Compare Database
Private Sub Command6_Click()
    Dim jubu As Integer
    jubu = jubu + 1          '将局部变量 jubu 的值加 1
    Text0 = jubu             '将局部变量的值赋予控件名为 Text0 的文本框
    mokuai = mokuai + 2      '将模块级变量 mokuai 的值加 2
    Text2 = mokuai           '将模块级变量 a 的值赋予控件 Text2 文本框
End Sub
```

　　全局变量就是在标准模块的起始位置所有过程之外用 Public 定义的变量,运行时在所有类模块和标准模块的所有子过程与函数过程中都可见。

　　例 9 - 23　依据例 9 - 22 创建的窗体,为 Command7 命令按钮和 Command8 命令按钮分别添加单击事件。

　　Command7 的单击事件代码如下:

```
Option Compare Database
Private Sub Command7_Click()           '全局变量
    Dim jubu As Integer
    jubu = jubu + 1
    Text0 = jubu
    a1.quanju = a1.quanju + 3    '将全局变量 a1.quanju 的值加 3
    Text6 = a1.quanju            '将全局变量 a1.quanju 的值赋予控件 Text2
End Sub
```

Command8 的单击事件代码如下:

```
Private Sub Command8_Click()
    a1.quanju = 0
    mokuai = 0
    Text2 = mokuai
    Text6 = quanju
End Sub
```

标准模块 a1 的详细代码如下:

```
Option Explicit
Public quanju As Integer
```

2. 变量的生存期

变量的生存期是指变量在内存中存在的时间长度,分为动态变量和静态变量。用 Dim 关键字声明的局部变量属于动态变量,其生存期是指从变量所在的过程第一次执行,到过程执行完毕,自动释放该变量所占的内存单元为止。用 Static 关键字声明的局部变量属于静态变量,静态变量在过程运行时可保留变量的值,即每次调用过程时,用 Static 说明的变量保持上一次的值。

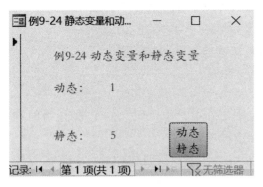

图 9 - 12　动态变量与静态变量

例 9 - 24　比较动态变量和静态变量的应用窗体界面,利用名称为"b1"和"b2"的两个标签分别显示动态变量和静态变量的值,如图 9 - 12 所示。

"开始"命令按钮的代码如下:

```
Private Sub Cmd1_Click()
    Dim x%
    Static y%
    x = x + 1
    y = y + 1
    b1.Caption = x
    b2.Caption = y
End Sub
```

连续单击"开始"命令按钮 5 次,分析结果。

9.5　ADO 对象模型

ADO(activex data objects)是基于组件的、继 ODBC 和 DAO 之后的数据库编程接口,主要有 Connection、Command、Recordset 3 个核心对象成员,需要依次经过声明、实例化之后才能使用。Connection 对象完成与数据源的连接;Command 对象表示在 Connection 对象的数据源中,要运行的 SQL 命令;Recordset 对象是指操作 Command 对象所返回的记录集,包含某个查询返回的记录以及那些记录中的游标。

9.5.1　ADO 对象引用

使用 ADO 访问 Access 数据库时,需要用户首先添加对 ADO 的引用。只需在 VBE 窗口中选择"工具"→"引用"命令,在弹出的对话框中选择"Microsoft ActiveX Data Objects 6.1 Library"选项即可,如图 9-13 所示。在 VBA 中使用 ADO 的步骤如下。

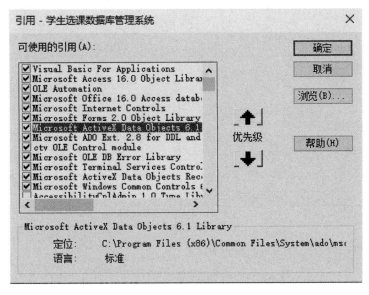

图 9-13　数据库连接操作

（1）定义 ADO 数据类型对象变量。

（2）建立连接。设置 Provider 属性值,定义要连接和处理的 Connection 对象。将 Provider 属性值设置为"Microsoft.ACE.OLEDB.12.0",表示 ADO 将通过 OLEDB.12.0 数据库引擎连接至 Access 数据库。设置 ConnectionString 属性值,与数据库建立连接。

（3）打开数据库。定义对象变量,通过设置属性和调用方法打开数据库。

（4）获取记录集。使用 Recordset 对象和 Command 对象取得需要操作的记录集,其中 Command 对象设置命令参数并发出命令,Recordset 对象存储数据操作返回的记录集。

（5）对记录集进行各种处理。使用 Field 对象对记录集中的字段数据进行操作，包括：定义和创建 ADO 对象实例变量，返回 Select 语句记录集，采用 Delete（删除）、Update（更新）、Insert（插入）记录操作。

（6）关闭、回收相关对象。

9.5.2 ADO 对象的应用

根据已有"用户表"（见图 9-14）的验证登录信息，验证用户登录，结果如图 9-15 所示。当权限为"管理员"的人员登录时，显示"欢迎管理员登录"；当权限为"普通用户"的人员登录时，显示"欢迎普通用户登录"；当用户名或密码输入错误时，显示"用户名或密码错误"提示信息；当用户名或密码为空时，提示输入相应的内容。

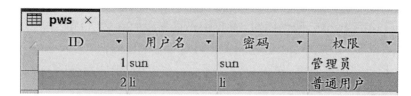

图 9-14 用户表

图 9-15 验证结果

操作步骤：

（1）创建窗体名称为"ADO 用户登录验证"，添加两个文本框，分别命名为"pass"和"username"。

（2）添加"登录"命令按钮，并为"登录"命令按钮添加如下代码：

```
Private Sub Command4_Click()
    Dim cn As New ADODB.Connection      '声明 Connection 变量
    Dim rs As New ADODB.Recordset       '声明 Recordset 集变量
    Dim str As String                   '声明 String 变量
    Set cn = CurrentProject.Connection
```

```
        rs.ActiveConnection = cn
        logname = Trim(Me.username)
        pass = Trim(Me.pass)
        If IsNull(username.Value) Then
            MsgBox "用户名不能为空,请输入用户名!"
        ElseIf IsNull(pass.Value) Then
            MsgBox "密码不能为空,请输入密码!"
        Else
            str = "Select * From pws Where 用户名 = ' " & Logname & " 'AND
密码 = ' " & pass & " ' "
            rs.Open str, cn, adOpenDynamic, adLockBatchOptimistic
            If rs.EOF Then
                MsgBox "用户名或密码错误"
                Me.username.Text = ""
                Me.pass.Text = ""
            Else
                Set fd = rs.Fields("权限")
                If fs = "管理员" Then
                    MsgBox "欢迎管理员登录"
                Else
                    DoCmd.Close
                    DoCmd.OpenForm "成功登录"
                    MsgBox "欢迎普通用户登录"
                End If
            End If
        End If
    End Sub
```

练 习 题

一、选择题

1. 在 VBA 中定义符号常量可以用关键字(　　)。

A. Const　　　　　B. Dim　　　　　C. Public　　　　　D. Static

2. 下列变量名中,合法的是(　　)。

A. 4A　　　　　B. BC-1　　　　　C. ABC_1　　　　　D. Private

3. InputBox 函数的返回值类型是(　　)。

A. 数值

B. 字符串

C. 变体

D. 视输入的数据而定

4. 已知程序段:

```
Sub sub1()
s = 0
    For i = 1 To 10 Step 2
        s = s + i
        i = i * 2
        Next i
        MsgBox "i = " & I & "s = " & s
End Sub
```

当循环结束后,变量 i 和变量 s 的值是(　　)。

A. $i=10$, $s=11$

B. $i=22$, $s=15$

C. $i=15$, $s=22$

D. $i=15$, $s=16$

5. 以下内容中不属于 VBA 提供的数据验证函数的是(　　)。

A. IsText　　　　B. IsDate　　　　C. IsNumeric　　　　D. IsNull

6. 定义了二维数组 A(2 To 5, 5),则该数组的元素个数为(　　)。

A. 25　　　　B. 36　　　　C. 20　　　　D. 24

7. 在有参函数设计时,要想实现某个参数的双向传递,就应该说明该形参为传址调用形式。其设置选项是(　　)。

A. ByVal　　　　B. ByRef　　　　C. Optional　　　　D. ParamArray

8. 在 VBA 代码调试过程中,能够显示出所有在当前过程中变量声明及变量值信息的是(　　)。

A. 快速监视窗口　　　B. 监视窗口　　　C. 立即窗口　　　　D. 本地窗口

9. 在 VBA 中,没有定义的数据类型是(　　)。

A. Variant　　　　B. Object　　　　C. Decimal　　　　D. Char

10. 在 VBA 中,用实参 a 和 b 调用有参过程 Area(m, n)的正确形式是(　　)。

A. Area m, n　　　B. Area a, b　　　C. Call Area(m, n)　　D. Call Area a, b

11. 在"Var=28"语句中,变量 Var 的类型默认为(　　)。

A. Boolean　　　　B. Variant　　　　C. Double　　　　D. Integer

12. 表达式 Chr(Asc(UCase("abcdefg")))的返回值是(　　)。

A. A　　　　B. 97　　　　C. a　　　　D. 65

13. VBA 中不能进行错误处理的语句结构是(　　)。

A. On Error Then 标号

B. On Error Goto 标号

C. On Error Resume Next

D. On Error Goto 0

14. 下列关于宏和模块的叙述中,正确的是(　　)。

A. 模块是能够被程序调用的函数

B. 通过定义宏可以选择或更新数据

C. 宏和模块都不能是窗体或报表上的事件代码

D. 宏可以是独立的数据库对象,可以提供独立的操作动作

15. 要将一个数字字符串转换成对应的数值,应使用的函数是(　　)。

A. Val　　　　　　　B. Single　　　　　　C. Asc　　　　　　D. Space

16. 假设有如下过程:

```
Sub sfun(x As Single, y As Single)
    t = x
    x = t/y
    y = t mod y
End Sub
```

在窗体中添加一个命令按钮(名称为"Command1"),编写如下事件过程:

```
Private SubCommand1_Click()
    Dim a As Single
    Dim b As Single
    a = 5: b = 4
    sfun(a, b)
    MsgBox a&char(10) + chr(13) &b
End Sub
```

打开窗体运行后,单击命令按钮,消息框中有两行输出,内容分别为(　　)。

A. 1 和 1　　　　　　　　　　B. 1.25 和 1

C. 1.25 和 4　　　　　　　　D. 5 和 4

17. 有如下代码段:

```
Sum = 0
N = 0
For I = 1 To 5
    X = n/i
    N = n + 1
    Sum = Sum + x
Next i
```

以上 For 循环计算 Sum,完成的表达式是(　　)。

A. 1+1/1+2/3+3/4+4/5　　　　B. 1+1/1+1/3+1/4+1/5

C. 1/2+2/3+3/4+4/5　　　　　D. 1/2+1/3+1/4+1/5

二、填空题

1. VBA 的英文全称是_____。

2. 模块包含了一个声明区域和一个或多个子过程(以_____开头)或函数过程(以_____开头)。

3. VBA 中变量的作用域分为三个范围,分别是_____、_____和_____。

4. 用户定义的数据类型可以用_____关键字说明。

5. VBA 的 3 种流程控制结构是_____、_____和_____。

6. VBA 提供了多个用于数据验证的函数。其中 IsNull 函数用于_____。

7. 在窗体中,名为"Command2"的命令按钮,Click 事件代码如下。事件功能是:接收从键盘输入的 10 个大于 0 的整数,找出其中的最大值和对应的输入位置。依据上述要求,补充代码段。

```
Private Sub Command2_Click()
    Max = 0
    Max_n = 0
    For I = 1 to 10
        Num = val(InputBox("请输入第" & I & "个大于 0 的整数:"))
        If num > max then
            Max = _____
            Max_n = _____
        End if
    Next i
    MsgBox("最大值为第" & max_n & "个输入的" & max)
End Sub
```

8. 已知代码段:

```
Dim a, b, c, MyCheck
A = 10:b = 8:c = 6
MyCheck = b > a and b > c
```

执行上述代码后,MyCheck 为_____。

三、判断题

1. 使用 Rem 语句可以定义函数。   (   )

2. 若在程序中添加 Option Explicit 语句,则在 VBA 中不需要声明变量。 (   )

3. 所有隐含声明变量都为 Variant。   (   )

4. Variant 变量比大多数其他变量需要更多的内存资源。   (   )

5. 下列两条语句的定义是相同的。   (   )

```
Dim intx As Integer，intY As Integer，intZ As Integer
Dim intx，intY，intZ As Integer
```

6. 如果一个 Function 过程没有参数，它的 Function 语句不必包含一个空的圆括号。

（　　）

7. Sub 或 Function 过程中的语句，可以利用命名参数来传递值给被调用的过程。

（　　）

8. "Dim X As Integer"语句中的变量 X 是一个整型，其范围介于 $-32768 \sim 32767$ 之间。 （　　）

9. 若数组被声明为动态数组，则可以在执行代码时改变数组大小。 （　　）

四、编程题

1. 使用 If ... Then 语句、InputBox 函数和 MsgBox 函数，编程实现输入一个任意值，判断该数的范围（大于 0、等于 0 或小于 0）。

2. 输入一个年份（整数），确定该年有多少天。根据历法，4、6、9、11 四个月为 30 天，闰年 2 月为 29 天，平年 2 月为 28 天，其余月份为 31 天。要求用文本框来输入年份，用标签来显示天数。

3. 编程实现 $s = 1/2 + 1/3 + \cdots + 1/n$，直到 $1/n$ 小于 10^{-4}。

4. 取面值为 1 元、2 元、5 元的纸币共 20 张，付 60 元，每种面值至少有一张，求出有多少种不同的付法。

5. 使用随机函数获取 10 个 10～100 的整数，并按照大小顺序输出。

6. 编写一个求 $n!$ 的子过程，然后计算 $10! - 7!$ 的值。

五、设计开发题

利用窗体和 VBA 编程的相关知识，设计并开发一个计算器。

六、简答题

1. 什么是模块？Access 中有哪几种类型的模块？

2. 标准模块和类模块有何区别？

3. 常见的程序控制语句有哪些？

4. VBA 编辑器中主要有哪些窗口？

5. VBA 有几种过程？如何创建函数过程？

6. 过程与函数的参数传递方式有哪两种？这两种方式有何不同？

参考文献 | REFERENCES

［1］刘卫国.数据库基础与应用（Access 2016）［M］.2 版.北京：电子工业出版社,2022.

［2］田振坤.数据库基础与应用（Access 2010）［M］.上海：上海交通大学出版社,2014.

［3］王珊,萨师煊.数据库系统概论［M］.5 版.北京：高等教育出版社,2014.

［4］李武,姚珺.数据库原理及应用：Visual FoxPro 6.0 程序设计［M］.哈尔滨：哈尔滨工程大学出版社,2010.

［5］姜增如.Access 2013 数据库技术及应用［M］.2 版.北京：北京理工大学出版社,2016.

［6］Alexander. Access 数据分析宝典［M］.梁普选,刘玉芬,译.北京：电子工业出版社,2006.

［7］周屹,李艳娟.数据库原理及开发应用［M］.2 版.北京：清华大学出版社,2013.

［8］王秉宏.Access 2016 数据库应用基础教程［M］.北京：清华大学出版社,2017.